创意灯饰与照明设计

王友斌 著

江苏凤凰科学技术出版社 · 南京

图书在版编目（CIP）数据

创意灯饰与照明设计 / 王友斌著. -- 南京 : 江苏凤凰科学技术出版社，2023.1
ISBN 978-7-5713-1916-8

Ⅰ. ①创… Ⅱ. ①王… Ⅲ. ①灯具－设计②照明设计
Ⅳ. ①TS956②TU113.6

中国版本图书馆CIP数据核字(2022)第172945号

创意灯饰与照明设计

著　　者　王友斌
项目策划　凤凰空间／杨　琦
责任编辑　赵　研　刘屹立
特约编辑　杨　琦

出版发行　江苏凤凰科学技术出版社
出版社地址　南京市湖南路1号A楼，邮编：210009
出版社网址　http：//www.pspress.cn
总 经 销　天津凤凰空间文化传媒有限公司
总经销网址　http：//www.ifengspace.cn
印　　刷　北京博海升彩色印刷有限公司

开　　本　710 mm×1000 mm　1／16
印　　张　10
字　　数　192 000
版　　次　2023年1月第1版
印　　次　2023年1月第1次印刷

标准书号　ISBN　978-7-5713-1916-8
定　　价　78.00元

前言

“蓦然回首，那人却在，灯火阑珊处。”充满意境的诗句总能给我们带来无限遐想。灯光在每个人的生命旅程中，都是不可缺少的元素，扮演着极其重要的角色。

光，不仅给人以希望，还为我们提供了安全的保障，致使“情不知所起，一往而深”。

灯饰设计给设计师提供了无限的可能，使他们在设计过程中，找到情感的寄托、内心的渴求以及曾经的向往。

灯饰设计意在为人们的生活增添一丝情趣，让每个珍惜生活的人都能有个放松、舒适的情感归属，给人以温暖。

本书的重点在于给读者、给普通的你我提供改变生活的点滴，为追求向往生活的可能提供设计制作的参考，通过动手实践，寻找设计的灵感；从力所能及的生活点滴做起，追求一种个性化的、拥有个人情感色彩的生活特质；让灯饰设计更加亲近每个人的生活，用自己的双手打造内心向往的美好明天。

本书强调手工制作的重要性，要求设计师尽可能地了解多种材料的物理属性及其加工工艺，力求在设计的过程中，赋予设计作品更多的情感寄托及设计的灵魂。

本书从图片的收集到具体的写作过程，参考并借鉴了一些知名设计师的作品，同时得到了众多朋友及学生的支持与帮助。

在本书写作过程中，提供图片及作品支持的朋友及学生有：付宁、刘杨子、刘昕烨、王思佳、张思奇、杨露娜、徐梦凯、杨洋、张萍萍、瞿蕊、桑雨吟、姜帅、王悦、范雅琴、汤贝贝、冯启玥、范泽坤、刘琳琳、王佳琪、王韵泽、曹治豪、邓思雨、殷文静、王晓悦、杨帛枭、樊明帅、李一凡、胡文、李滋怡、刘凌杰、彭慧婷、吴紫琦、宾媛、徐杰、夏瑞铮、颜思忆、陈成、刘轩、李红运、赵梓轩、姜淑玉、戴鑫江等。在此向他们表示真挚的感谢。

由于笔者能力有限，书中有不足之处恳请各位专家及读者给予批评指正，不胜感激。

著者

2022 年 6 月

目录

1 灯饰概述

○ 灯饰的概念与分类

○ 灯饰的简史

○ 灯饰的功能

○ 灯饰的构成要素

1.1 灯饰的概念与分类

灯饰是人们日常生活中不可或缺的重要照明器具。随着科技的发展、社会的进步，人们越来越重视生活的品质，对于灯饰的装饰性、艺术性的要求也不断提高。

1.1.1 灯饰的概念

“灯具”与“灯饰”在字面上虽然只相差一字，但却是两个既相互关联又各有侧重的不同概念。灯具是一种照明器具，由光源、灯罩、灯座、开关和其他附件装配组合而成。照明功能是灯具的主要功能，可以消除黑暗给人带来的精神压力，改善人们的生存状态与生存环境。灯饰除了具备基本的照明功能外，更侧重于在空间环境中的装饰性及空间氛围的营造，是情感表达的物质载体。灯饰设计是一项既可以很好地发挥创造性，又要受诸多因素限制的设计工作。在进行灯饰设计的过程中，不仅要考虑灯饰的艺术形态，还要考虑灯饰的使用环境，以及恰当地选择灯饰的制作材料、加工工艺，注重材料的质感给人的心理感受，并且合理地选定光源的种类及型号，还要顾及方便维护保养、用电安全、成本和售价等问题。

1.1.2 灯饰的分类

1）按照光通量在空间中的分配特性分类

按照光通量在空间中的分配特性分类见表 1.1。

表 1.1　灯饰的分类及特点

分类	直接型	半直接型	漫射型	间接型	半间接型
图例	不透明材料 100%光线直射	20%光线反射 半透明材料 80%光线直射	50%光线反射 半透明材料 50%光线直射	100%光线直射 不透明材料	80%光线直射 半透明材料 20%光线反射
注释	光通量直接向下照射。灯具上部几乎没有光通量。效率高、方向性强，阴影较浓	80% 光通量向下照射，少部分向上照射。阴影较为柔和，表面亮度比降低	向上、向下的光通量几乎相同。最常见的是乳白玻璃球形灯罩，其他形状的漫射透光的封闭灯罩也有类似的配光	大部分光通量直接向上照射，并靠顶棚反射照亮空间	上面敞口的半透明灯罩属于这一类。向下光通量占 20%，用来产生与顶棚适应的亮度

续表 1.1

分类	直接型	半直接型	漫射型	间接型	半间接型
特点	明暗对比强烈。光影效果生动有趣。在整体环境中突出	常用于层高较低房间的一般照明。漫反射光线可以照亮平顶，能产生较高的空间感	灯具将光线均匀地投向四面八方。光通量利用率较低	空间整体光线柔和，无阴影。布置合理可避免眩光	主要用作装饰照明。大部分光线投向顶棚和上部墙面，增加了室内的间接光，光线柔和

2）按灯饰的形态和功能分类

形态是人们看到灯饰时最直观的视觉感受，而功能则是灯饰所具有的最为本质的特征。在室内空间中，灯饰具有一般照明（主体照明）、重点照明（局部照明）、辅助照明等功能。其主要类型有吊灯、吸顶灯、台灯、落地灯、壁灯、射灯。

（1）吊灯

吊灯是一种由机械连接结构将光源固定于天花板上的悬挂式照明灯饰。一般由固定基座、连接构件、灯头等部分组成（图 1.1），是最常用的照明灯饰类型，有直接型、间接型、半直接型及漫射型等多种灯型。

吊灯悬挂于室内上空，能使地面、墙面及顶棚都得到照明，常用于空间内的平均照明，也叫一般照明。吊灯在较大的房间或厅堂内使用，可以营造轻松的环境氛围。吊灯不仅能使整个空间亮起来，还能与局部照明或重点照明结合使用，让光线变得柔和，减少明暗对比。吊灯的形态类型繁多，无论是从照明角度还是从装饰角度，都对室内空间氛围的营造起着重要作用。

图 1.1

图 1.1　吊灯

吊灯可用于客厅、餐厅、卧室等空间，使用范围广泛（图 1.2）。吊灯一般离天花板 500~1000 mm，光源中心距天花板以 750 mm 为宜，吊灯最低点离地面不宜小于 2200 mm, 也可根据具体需要调节高度。吊灯的选择要考虑空间的大小、高度及设计风格，根据使用者的需求协调吊灯与空间的比例及色彩等关系。

（2）吸顶灯

吸顶灯是直接将灯饰安装吸附在天花板上的一种灯饰，适合用于客厅、卧室、厨房、卫生间及办公空间的照明。吸顶灯的主要功能是环境照明，可将光线在整个房间内均匀分布。吸顶灯主要由透明或半透明的玻璃、塑料等材料制成，并且可以根据需要做成各种形状和尺寸。常见的吸顶灯有正方形、长方形、圆形、球体、圆柱体，以及近年来比较流行的新中式吸顶灯、低压水晶灯、铝材灯等（图 1.3~ 图 1.5）。

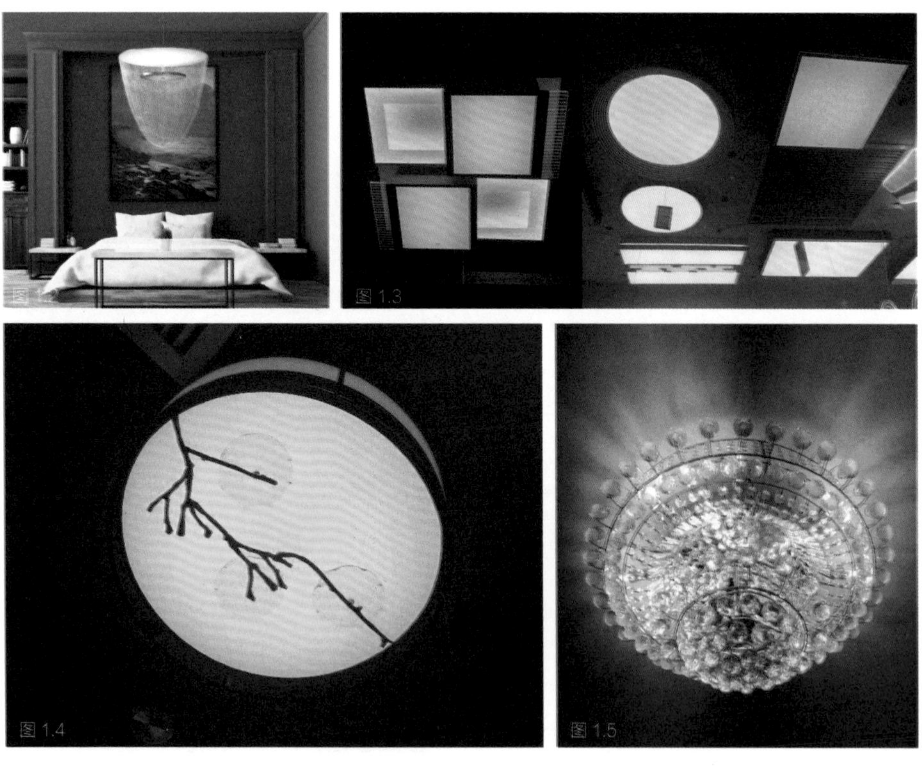

图 1.2　用于卧室的吊灯（设计师：拉罗斯盖昂）

图 1.3　常见的吸顶灯

图 1.4　新中式吸顶灯

图 1.5　水晶吸顶灯

（3）台灯

台灯是指放在台面上使用的有底座的灯具，通常由底座、支杆、灯头组成。按其使用功能，台灯大致可分为工作台灯和装饰台灯两种。工作台灯带有灵活悬臂和灯头，灯罩多为定向反射型，发出的光集中在一个区域，可为环境照明补充光线，适合用于集中精力书写、阅读、手工制作等（图 1.6、图 1.7）。装饰台灯主要起装点环境的作用，灯具本身的形态或发出的光线是主要的装饰元素（图 1.8），多为漫射型或漫反射型灯罩。光线柔和分散，可以很好地营造空间氛围（图 1.9）。

图 1.6　工作台灯——书写阅读
图 1.7　工作台灯——手工制作
图 1.8　装饰台灯——装点环境
图 1.9　装饰台灯——营造氛围

（4）落地灯

落地灯（Floor lamp）是放置于地面上用作局部照明的灯具。通常分为上照式落地灯和直照式落地灯。一般布置在客厅和休息区域（图 1.10），与沙发、茶几配合使用，以满足房间局部照明和点缀装饰家庭环境的需求。落地灯具有可以移动的特点，强调移动的便利性，对于角落气氛的营造十分实用（图 1.11）。

落地灯高度一般为 120~130 cm，功能完备的落地灯可以调节高度或灯罩角度。使用上照式落地灯时，天花板最好为白色或浅色，天花板的材料最好具备漫反射的特性。使用直照式落地灯时，灯罩的下沿最好低于眼睛的高度，这样才能有效避免眩光的产生，以确保眼睛的舒适感。选用落地灯时，要注意天花板的高度，以充分保证灯光的柔和；落地灯的形态和色彩要与室内设计的风格相协调。

图 1.10

图 1.11

图 1.10　落地灯
图 1.11　氛围落地灯

（5）壁灯

壁灯是装饰墙壁、建筑立柱及立面的一种重要装饰元素，一般作为辅助照明使用。用作环境照明时，可以根据不同需要选择向下或向上照射。光线直接向上照射时（图1.12），大部分光线会通过天花板反射下来，这与上射落地灯和间接型灯具的效果类似。壁灯的亮度不宜过大，要善于利用其光影效果（图1.13），充分发挥出它的艺术感染力。壁灯使用范围广泛，将各式各样、色彩缤纷的灯饰装饰到墙壁上，可以对居室光线起到补充作用（图1.14）。壁灯的安装高度不宜过高，一般在1.8~2 m之间。

图1.12

图1.13

图1.14

图1.12　上射壁灯
图1.13　光影壁灯
图1.14　装饰壁灯

（6）射灯

射灯是一种高度聚光、用作局部照明的灯具（图 1.15），其光线照射具有可指向特定目标的特点。一般用于为博物馆、美术馆（图 1.16）、商场等展示空间中的重要物品提供照明。射灯将光线直接照射在需要强调的器物上（图 1.17），以突出主体，用以营造环境独特、层次丰富、气氛浓郁、缤纷多彩的艺术效果。射灯是典型的无主灯、无定规模的现代流派照明，能很好地营造室内照明氛围。射灯既能用作主体照明，又能用作辅助照明。

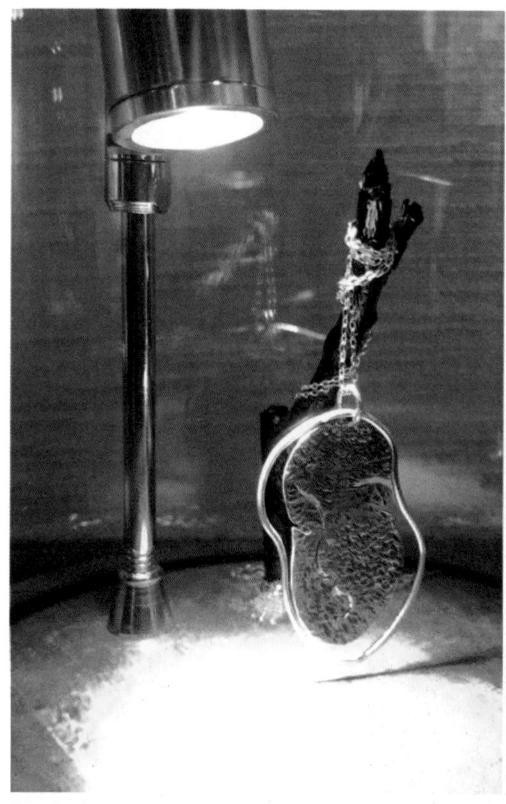

图 1.15

图 1.16

图 1.17

图 1.15　射灯

图 1.16　展厅里的射灯

图 1.17　展柜里的射灯

3）按灯饰的材质分类

材质就是材料和质感，软与硬、虚与实、滑与涩、韧与脆、透明与浑浊等不同的质感给人以不同的感觉，质感通过材料本身的色彩、肌理、光泽等来体现，每一种材料都有其特殊的质感。现代灯饰的材质种类繁多，按透光率大小，可将材料分为如下三类：透明材料，可见光的透光率在 80% 以上；半透明材料，可见光的透光率在 50%~80% 之间；不透明材料，可见光的透光率在 50% 以下。据此，现代灯饰大体可分为：透明材质类灯饰、半透明材质类灯饰、不透明材质类灯饰。

（1）透明材质类灯饰

常见的透明材质类灯饰有：水晶灯、玻璃灯、透明树脂灯等。

①水晶灯——水晶灯饰起源于欧洲 18 世纪中叶的“洛可可”时期。当时欧洲人对华丽璀璨的物品及装饰品尤其喜爱。早在 16 世纪初的“文艺复兴”时期，已经有关于水晶灯饰的记载。但当时的水晶灯饰是用金属灯架来支撑天然水晶或石英垂饰，然后采用蜡烛作为光源的照明装饰灯具。我国的水晶灯于 20 世纪六七十年代开始出现，20 世纪 90 年代中期得到较多地应用，进入 21 世纪后得到较大发展。优质的水晶切割精确，内部光泽度好，无气泡，表面还要经过认真严格的手工打磨工序。水晶的切面平滑抛光，闪烁明亮，使透视、折射和反射效果发挥得淋漓尽致（图 1.18）。

②玻璃灯——玻璃表面平滑，透明、透光性极好，具有很好的通透感、光滑感和轻盈感。玻璃在光源和灯饰上起着极其重要的作用。玻璃原料经过熔融、吹制、压铸等成型制作，以及后期着色、压花、喷花、刻花、改性等步骤处理，为灯饰设计提供了更多的可能性（图 1.19）。图 1.20 是一款与鱼缸结合的台灯。玻璃表面经过磨砂处理可以让光线变得柔和（图 1.21）。玻璃达到一定的厚度或是经过特殊工艺的处理，强度会增加数倍，不仅可以作为柔化光线的灯罩，还可以用作起支撑作用的灯臂。

图 1.18

图 1.18　水晶灯

图 1.19

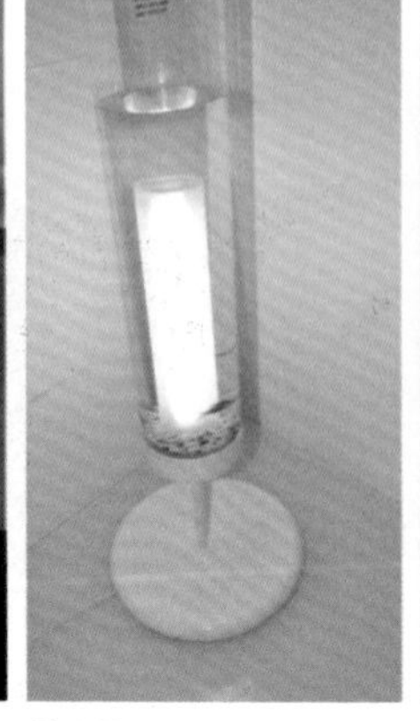
图 1.20

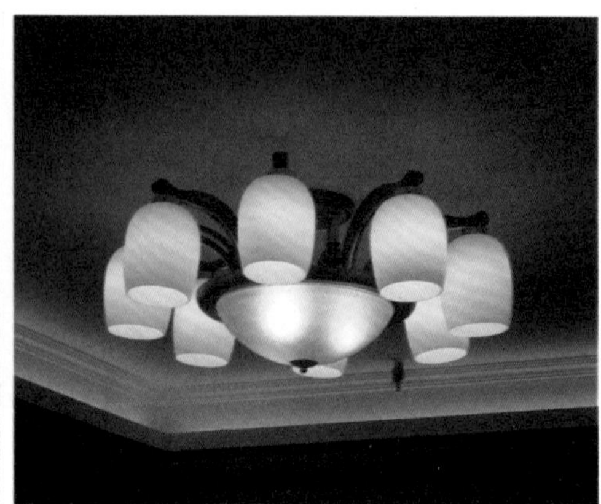
图 1.21

③透明树脂灯——透明树脂灯是树脂灯的一种类型，是将树脂制成各种造型，再与灯具组合而成的。透明树脂灯在制作过程中可以加入丰富的色彩，也可以根据需要制作成有质感的形态（图 1.22）。

图 1.22

图 1.19　压花玻璃吊灯
图 1.20　鱼缸台灯
图 1.21　磨砂玻璃吊灯
图 1.22　彩色树脂灯

（2）半透明材质类灯饰

常见的半透明材质类灯饰有羊皮灯、布艺灯、纸灯、云石灯、瓷灯等。

①羊皮灯——皮革和织物是人们在日常生活中接触频繁的材料，具有较好的延展性，能给人以柔和温暖的感觉，被拉伸时还具有张力感和通透感。在古代，草原上的人们就开始利用羊皮薄、透光性好的特点，来裹住油灯，以防风遮雨。现在，人们运用先进的制作工艺，把羊皮制作成各种不同的造型，以满足消费者的不同需求。羊皮灯光线柔和、色调温馨，具有浓郁的中国古典气质。近年来，一些仿皮质感的 PVC 灯罩更是开拓了羊皮灯的市场，同时灯饰框架也逐渐隐入羊皮灯罩内，使形态走向时尚（图 1.23）。

图 1.23

②布艺灯——布艺材质柔软舒适、色彩丰富、图案多样，可柔化室内空间的线条，为居室增添一种温馨浪漫的格调，或清新自然，或典雅华丽（图 1.24）。用布艺灯饰来装饰室内环境，可让居室简单明快又不失美感。布艺灯饰简约、时尚、个性化的特点，已成为国际灯饰市场的潮流所在。运用打褶、绲边、刻花等方式，可将简洁典雅的布面灯罩制造出各种样式，来营造多样的室内空间氛围。在现代居室中，运用布艺灯饰丰富的色调和温和的质感，能够很好地与居室环境相协调。

图 1.24

图 1.23　时尚羊皮灯

图 1.24　新中式布艺灯

③纸灯——纸，是中国古代劳动人民长期经验的积累和智慧的结晶，是人类文明史上的一项杰出的发明创造。纸，由植物纤维制成，既能透光又能防风。纸灯具有自然、质朴的特点，是现代灯饰的重要组成部分。材料纸具有很好的可塑性，我们可以使用多种方法对纸进行加工处理以使其呈现出丰富多彩的面貌。图 1.25 是纸造型台灯，图 1.26 是用纸浆做的一款台灯。

图 1.25

图 1.26

④云石灯——云石灯以质地天然、纹理清晰的石材为主要原料。在琳琅满目的灯饰中，云石灯属于比较安静古朴的种类，具有高贵典雅的气质。云石灯有着很好的透光性，开灯以后能清晰地看到石头灯罩上的天然纹理（图 1.27）。云石材质表面纹理自然，密度高且坚硬，用作底座具有很好的稳定性（图 1.28）。

图 1.27

图 1.28

图 1.25　纸造型台灯
图 1.26　纸浆台灯
图 1.27　云石灯
图 1.28　云石台灯

⑤瓷灯——瓷是由黏土、长石和石英烧制而成，具有半透明、抗腐蚀、不吸水、胎质坚硬紧密、叩之声脆的特性。瓷质材料耐腐蚀性极强，常温下不会变形、褪色，具有一种恒久感和坚实感。瓷质材料可塑性强，还可以加入绘画或雕刻技法进行装饰，突出瓷材质的独特魅力，以表达其丰富的文化内涵（图 1.29、图 1.30）。

图 1.29

图 1.30

（3）不透明材质类灯饰

不透明材质即材料本身不透明，不具备透光性，但可以巧妙地利用空隙来透光。常见的不透明材质类灯饰有：木灯、竹灯、陶灯、金属灯等。

①木灯——木灯是指主要由木质材料构成的灯具。木质材料在我们生活中随处可见，给人自然、质朴、温暖、亲切的感觉（图 1.31、图 1.32）。

图 1.31

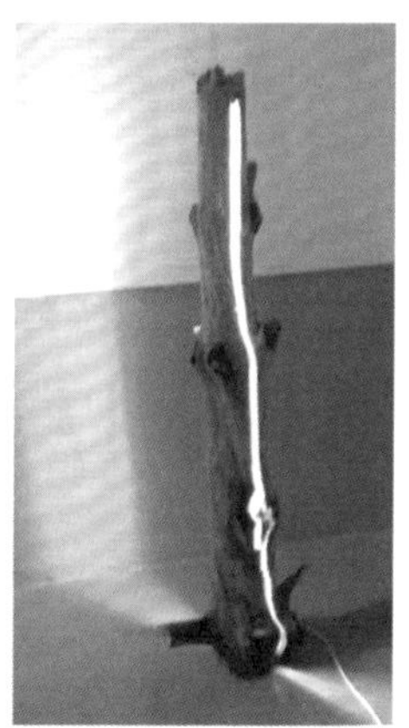
图 1.32

图 1.29　中式瓷灯
图 1.30　布袋瓷灯
图 1.31　房子造型的木灯
图 1.32　树干地灯

②竹灯——竹质材料导热性差，手感温和，韧性好，给人亲切温和感。竹制灯饰是我国南方竹林密集地区常用的一种灯饰。竹灯在给人以自然感的同时，还把古朴的特质渗透进生活，满足了人们返璞归真的追求（图 1.33、图 1.34）。

图 1.33

图 1.34

③陶灯——陶，是以黏性较高、可塑性较强的黏土为主要原料烧制成的，不透明，有细微气孔和微弱的吸水性，击之声浊。陶灯给人古朴自然的感觉（图 1.35），可供营造文艺情怀或怀旧风格空间氛围使用。现代的陶灯多以镂空形式呈现，如图 1.36 中的备前烧陶灯，由日本制陶师木村英昭手工制作。

图 1.35

图 1.36

图 1.33　竹台灯
图 1.34　竹吊灯
图 1.35　绿釉熊座陶灯（西汉）
图 1.36　备前烧陶灯

④金属灯——金属材质具有还原性强、硬度高、延展性强、有光泽、导电性与导热性良好、表面处理工艺多样等特点。金属灯饰使用寿命较长、耐腐蚀、不易老化。通过不同的表面处理工艺，可以赋予金属灯饰不同的肌理与质感（图 1.37）。

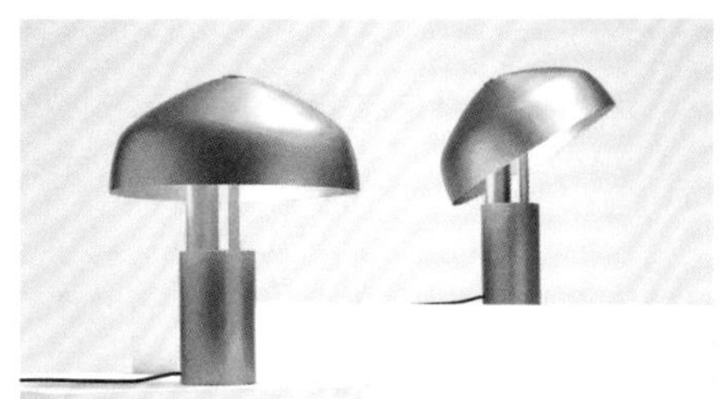

图 1.37

4）按灯饰的风格分类

（1）北欧风格

北欧风格主要是指欧洲北部挪威、丹麦、瑞典、芬兰等国的设计风格。北欧风格以简洁著称，并影响到后来的“极简主义”“后现代”等风格。人文主义的设计思想、注重功能的设计方法、传统工艺与现代技术的结合、宁静自然的北欧现代生活方式，这些都是北欧风格设计的源泉。北欧风格强调“风格即生活”的设计理念。

北欧风格灯饰的特征为：造型简洁、配色单纯、质朴天然、实用性强。丹麦著名设计师保尔 · 汉宁森设计的 PH 灯，是北欧风格的典型代表作品，体现了科技与艺术的完美结合（图 1.38）。这类灯饰具有极高的美学价值，运用科学的照明原理，不带任何附加的装饰，因而使用效果非常好，体现了斯堪的纳维亚工业设计的鲜明特色。

图 1.38

在 2016 年斯德哥尔摩家具照明设计展上，瑞典设计工作室 front 为斯堪的纳维亚灯饰公司 zero 设计了一款“plane 灯具”，有吊灯和落地灯两款，框架由细金属丝构成，具有极致简约的外形，强调通透感和锐利的线条感，突出无重量的概念（图 1.39）。

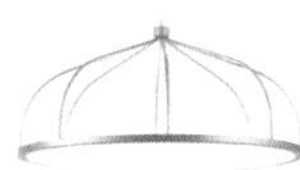
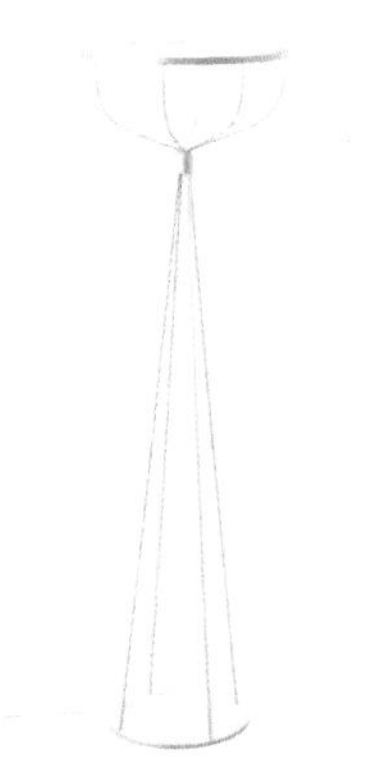
图 1.39

图 1.37　铜灯
图 1.38　PH 吊灯
图 1.39　plane 灯具

（2）美式风格

美式风格，是来自美国的装修和装饰风格，代表了一种自在、随意不羁的生活方式，没有太多造作的修饰与约束，以宽大、舒适、杂糅各种风格而著称，既有文化感、贵气感，又不乏自在感与情调感。美式风格灯饰在材料上一般选择比较考究的树脂、铁艺、焊锡、铜、水晶等色彩沉稳的材料；无论框架还是灯罩，颜色多半以单一色（浅色）为主，光线较为柔和，给人温暖的感觉；造型简洁、实用性强（图 1.40）。

图 1.40

（3）法式风格

法式风格的灯饰可分为法式宫廷和法式田园两大类。法式宫廷灯饰强调以华丽的装饰、浓烈的色彩、精美的造型，达到雍容华贵的装饰效果。同时注重曲线造型和色泽上的富丽堂皇（图 1.41）。有时还会以铁锈、黑漆、仿古色等手法特意营造斑驳的效果，追求仿旧的感觉。法式田园风格保留了法式宫廷风格的白色基调，简化了雕饰，去掉了奢华的金色，加入了富有田园情趣的碎花图案，更显淡雅（图 1.42）。

图 1.41

图 1.42

图 1.40　美式吊灯

图 1.41　法式宫廷吊灯

图 1.42　法式田园壁灯

（4）地中海风格

地中海风格的灯饰以其极具亲和力的田园风情及柔和的色调、大气的组合搭配，很快被地中海以外的人群所接受。对于地中海风格的灵魂，比较一致的看法就是："蔚蓝色的浪漫情怀，海天一色、艳阳高照的纯美自然"。在色彩上，以蓝色、白色、黄色为主色调，看起来明亮悦目（图 1.43）。在材质上，一般选用自然的原木、天然的石材等，用来体现浪漫自然的情调。

（5）新中式风格

新中式风格的灯饰就是具有典型中国文化特色的灯饰设计风格。新中式风格设计是在对中国当代文化充分理解的基础上进行的设计，是对中国传统风格的文化意义在当代背景下的演绎。通过对传统文化的研究，表达出端庄、含蓄的东方审美意境，而不是单纯地将设计元素进行堆砌（图 1.44）。

（6）现代简约风格

现代简约风格，顾名思义，就是所有的细节看上去都是非常简洁的。现代简约风格灯饰具有简洁的形态、纯洁的质地、精细的工艺等特征；强调设计的功能性，线条简约流畅，色彩对比强烈；大量使用钢化玻璃、不锈钢等新型材料作为辅材，能给人带来前卫、不受拘束的感觉（图 1.45）。

图 1.43

图 1.44

图 1.45

图 1.43　地中海风格吊灯

图 1.44　新中式风格吸顶灯

图 1.45　现代简约风格吊灯

（7）日式风格

日式风格追求的是一种休闲、随意的生活意境。日式风格的灯饰多采用木质结构，不尚装饰，简约简洁。灯饰纯净、抽象而达到美的净化；善用肌理纹路，多运用单纯的直线、几何形体，或是具有节奏感的重复的符号化图案。图 1.46 为日本都行灯株式会社（Miyako Andon）灯饰设计。

图 1.46

图 1.46　都行灯株式会社灯饰设计

1.2 灯饰的简史

火是人类进化史中的伟大发现。人类在长期使用火的实践中，不但进一步掌握了火的性能，还逐渐探索出了火的照明功能。灯具是人们日常生活的必需品，可以说，一部灯具发展史，也是一部人类发展史，它反映了人类文明的历史进程。从考古发现的石灯，到现代社会绚烂多彩的各种灯具，人们对火的照明功能的利用，照亮了人类文明的发展史。

1.2.1 古代灯饰的发展

1）中国古代灯饰的发展

古代灯饰设计造型多样、装饰内容丰富多彩，客观地反映了当时人们的生活起居、风俗习惯、思想观念和审美情趣等。各种材质、多种技术的广泛运用，反映了当时社会陶瓷烧制、采矿、冶炼和制作工艺等生产力发展的状况。

关于中国古代灯具的起源有多种说法，目前相对统一的观点认为起源于中国古代的食器——豆，主要包括火炬、烛（油烛、蜡烛）、油灯（图 1.47）。从古代灯具的发展与演变来看，主要可分为三种类型，即早期的火炬、烛与灯，其中“烛”贯穿整个灯具发展的始终。火炬是最古老、最简单的照明用具。烛灯其实也是火炬，但较之早期的烛显得更为精致，且燃料也有了较大的改变。《玉篇 · 火部》中指出：“灯，灯火也。”灯可分为有扦和无扦两种。有扦者，使用烛，为烛灯；无扦者，用灯炷和灯油，即膏油灯（图 1.48）。

图 1.47

图 1.48

图 1.47 春秋时期的陶豆

图 1.48 战国晚期至西汉早期玉勾云纹灯（北京故宫博物院藏）

目前已知我国最早的灯饰出现在战国时期，从造型、材料、结构等方面来评价，均达到了很高的设计水平。这一点可以从出土的战国银首人俑灯、错银豆灯、擎双盘人俑灯、十五枝灯等灯具得到证实。该时期主要有人俑形灯、豆形灯和簋形灯，还有十五连枝灯和玉灯。图 1.49 是战国银首人俑铜灯，1977 年出土于河北省平山县中山国王室的一座墓葬中，现藏于河北博物院。图 1.50 是战国楚人骑骆驼铜灯，1965 年湖北江陵县望山 2 号墓出土，现藏于湖北省博物馆。图 1.51 是战国楚烛俑铜灯，湖北荆门包山 2 号楚墓出土，现藏湖北荆州市博物馆。图 1.52 是战国齐人形铜灯，现藏于中国国家博物馆。图 1.53 是战国十五连枝灯，1977 年出土于河北省平山县中山国 1 号墓。

图 1.49　图 1.50　图 1.51

图 1.52

图 1.53

图 1.49　战国银首人俑铜灯
图 1.50　战国楚人骑骆驼铜灯
图 1.51　战国楚烛俑铜灯
图 1.52　战国擎双盘人俑铜灯
图 1.53　战国十五连枝灯

秦汉时期的灯饰有了较大的发展，虽然出土的秦朝灯饰数量较少，文献却多有记载，造型较战国时期更为繁华艳丽。两汉时期的灯饰出土很多，一般发掘报告中均有提及，这与汉代“事死如事生，事死如事存”的厚葬风俗有较大的关系。汉代灯饰种类较多，构思新颖独特，结构合理，在我国灯饰史上占有重要地位。其时灯饰以陶质灯为主，铁质、石质灯开始出现，动物形灯开始增多。除了座形灯以外，还增加了行灯、吊灯与釭灯等。其时的具烟管釭灯有较强的创新性，最为著名的当为长信宫灯。图 1.54 是西汉长信宫灯，1968 年出土于河北满城西汉中山靖王刘胜之妻窦绾墓中，现藏于河北博物院。图 1.55 是东汉错银铜牛灯。图 1.56 是彩绘鸿雁衔鱼铜灯，1985 年山西省朔县城西照十八庄一号墓地出土。图 1.57 是汉代铅釉人形陶烛台，现藏于武汉博物馆。图 1.58 是东汉人形铜吊灯，现藏于湖南省博物馆。图 1.59 是东汉兽首九枝陶灯，1964 年出土于江苏省徐州市十里铺姑墩，现藏于南京博物院。

图 1.54

图 1.55

图 1.56

图 1.57

图 1.58

图 1.59

图 1.54　西汉长信宫灯
图 1.55　东汉错银铜牛灯
图 1.56　彩绘鸿雁衔鱼铜灯

图 1.57　汉代铅釉人形陶烛台
图 1.58　东汉人形铜吊灯
图 1.59　东汉兽首九枝陶灯

三国两晋南北朝时期，青铜灯饰走向没落，瓷质灯成为灯饰的主体，多枝灯、人俑形灯显著减少，动物形灯相对较多。烛台开始流行，油灯和烛灯（台）成为利用火源照明的两种方式，较有代表性的有青瓷熊形灯与青瓷狮形单管烛台。图 1.60 是青瓷熊形灯，于 1958 年在南京清凉山三国时期吴墓中出土，现藏于中国国家博物馆。图 1.61 是青瓷狮形单管烛台。

隋唐时期，灯饰以瓷质、陶质为主，金属灯较为少见，仿生形态的灯饰也有很大程度的减少。盏座分离，盏中不见烛扦，并出现了具流盏灯，点燃方式由盏中立炷式向盏唇搭炷式转变，开始形成元宵观灯的习俗。如图 1.62 是唐代邢窑白瓷莲瓣座灯台，1956 年出土于河南陕县刘家渠，现藏于中国国家博物馆。

图 1.60

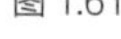

图 1.61

图 1.62

宋元时期，开始流行彩灯。彩灯种类较多，主要有灯球、诗牌灯、水灯、影灯、万眼罗、无骨灯、渔见灯、丝竹灯和羊皮灯等，并出现了省油灯。这一时期开始使用植物油。辽代的摩羯灯和高檠荷叶灯反映了当时的灯饰设计水平。图 1.63 是辽代青瓷摩羯灯，1971 年在辽宁北票水泉一号辽墓出土，现藏于辽宁省博物馆。

明清时期是中国古代灯饰发展的鼎盛时期，出现了玻璃灯和珐琅灯，并开始兴起宫灯。宫灯的形制与我国传统木质结构建筑十分协调。明清时期元宵节彩灯发展到了高潮，

图 1.63

图 1.60　青瓷熊形灯

图 1.61　青瓷狮形单管烛台

图 1.62　白瓷莲瓣座灯台

图 1.63　青瓷摩羯灯

蜡烛工艺有了很大的改进。图 1.64 是明万历掐丝珐琅花卉纹菊瓣式烛台。图 1.65 是明崇祯年间的青花烛台。图 1.66 是清中期铜鎏金錾花卉嵌玉花鸟宫灯。

图 1.64

图 1.65

图 1.66

2）外国古代灯饰的发展

西方油灯的历史与生活在以色列和黎巴嫩地区的腓尼基人有着密切的联系。公元前 3500 年，美索不达米亚南部城市乌鲁克非常繁荣，但它周围绝大部分地区是沙漠，珍贵的木材、稀有的矿石、稀有的金属和许多东西都不得不依赖进口。于是，在今伊朗和叙利亚地区建立了许多专门从事这种贸易的移民城市。亚述人占领了地中海东部地区，使得腓尼基人不得不深入地中海地区腹地开辟新市场。公元前 9 世纪，他们在地中海沿线建立了许多港口，在成片的新兴殖民城市中，腓尼基样式的油灯制造和使用都得到了极大发展。

早期油灯绝大部分是陶质的碟形器，类似贝壳。整齐的圆形边界是陶器轮制的明显标志，并且显示出当时油灯已经可以大规模制造。后来腓尼基人改进了他们的传统碟形油灯，通过折叠灯具边缘形成灯嘴来支撑灯芯。由于灯嘴越多光照越亮，通过折叠以获得两个或是三个灯嘴的油灯也相继出现。

古希腊时期，油灯的主要制作中心在阿提卡地区，工匠们用轮制方法制造油灯灯体，再精确安装灯嘴和把手，并且在灯体外施以黑色或棕色的釉面，使表面光洁。公元前 6 世纪，古希腊制造出一种长嘴油灯，它可以通过调节灯嘴里灯芯的位置来控制灯火的大小，并可以保证燃烧中的灯芯不会落入灯体内（图 1.67）。

公元前 2 世纪，模制灯代替了轮制灯。模具分上模和下模，由石膏制成。黏土被贴在模具的空腔里，当两块模具合在一起时，灯体就成形了，再在灯体上打出用来注入灯油和放置灯芯的小孔，灯具就制作完成了。模具制造简化了制灯工艺，使得对油灯进行装饰和制造大型油灯成为可能，例如将事先用黏土制成的人形或是动物形贴到灯体上或将徽标刻在灯体上，对油灯进行装饰，再放入窑炉里进行烧制。模制油灯成为主流灯饰，一直持续到古罗马时期（图 1.68）。

图 1.64　掐丝珐琅花卉纹菊瓣式烛台
图 1.65　青花烛台
图 1.66　铜鎏金錾花卉嵌玉花鸟宫灯

图 1.67

图 1.68

1.2.2 现代灯饰的发展

19 世纪，随着白炽灯的发明与完善，电灯很快就走向商业化并得到迅速普及。电灯的发明引发了一系列丰富多彩的灯饰设计。从 19 世纪到现在，现代居室灯饰设计经历了早期探索（19 世纪 80 年代—20 世纪初期）、初期发展（20 世纪初期—20 世纪 40 年代）、高度发展（20 世纪 40 年代—20 世纪 60 年代）、多元化设计（20 世纪 60 年代至今）四个发展阶段。在这一历史发展过程中，灯饰设计受到了各种设计风格、技术、环境等因素的深刻影响。

1）早期探索

“工艺美术”运动是源于英国 19 世纪下半叶的一场设计改良运动，开始于 1864 年左右。工艺美术运动首次提出了“美与技术结合”的原则，对于工业设计改革有着重要的贡献。工艺美术运动反对纯艺术；装饰上推崇自然主义；强调设计要忠于材料和适合使用的目的，从而创造出了一些朴素而实用的作品。这些观念对于灯饰设计的发展起到了开辟先河的作用。

威廉 · 莫里斯（William Morris）和菲利普 · 韦伯（Philip Webb）设计了突出材料之美的“红屋”，莫里斯专门为“红屋”其设计的灯具具有典型的“工艺美术运动”风格，强调体态简洁、线条清晰，主题来源于大自然，艺术趣味中夹杂着对中世纪的怀古和对东方异域的追念（图 1.69）。美国的灯饰设计也受到了工艺美术运动的影响，图 1.70 是格林兄弟设计的台灯，造型简洁，锥形灯罩采用金属骨架和半透明的覆面材料，含蓄清新，底部圆弧过渡的花瓶造型给人以稳定和怀旧之感。

图 1.67　古希腊油灯
图 1.68　古罗马油灯

图 1.69

图 1.70

19 世纪末 20 世纪初，在欧洲和美国产生并发展的“新艺术”运动，是一次内容广泛、影响面相当大的“装饰艺术”运动。“新艺术”运动放弃了任何一种传统装饰风格，完全走向自然风格，装饰上强调自然曲线和有机的自然形态。在“新艺术”运动设计思想的影响下，室内的家具设计以及家庭用品，具有明显的“新艺术”风格的特征。

法国设计师艾米尔·盖勒（Emile Galle）的设计中采用了大量的缠枝花卉，摆脱了简单的几何造型，灯座、灯罩都特别注重细节的装饰，作品可以视为雕塑式的艺术品（图 1.71）。美国“新艺术”风格的灯具以路易斯·康福特·蒂夫尼（Louis Comfort Tiffany）的玻璃灯具为代表，他提出要把工业生产方式和艺术表现方式结合起来，把欧洲传统建筑的彩绘玻璃用于日用产品设计，使原本用于教堂的建筑材料成为颇具世俗生

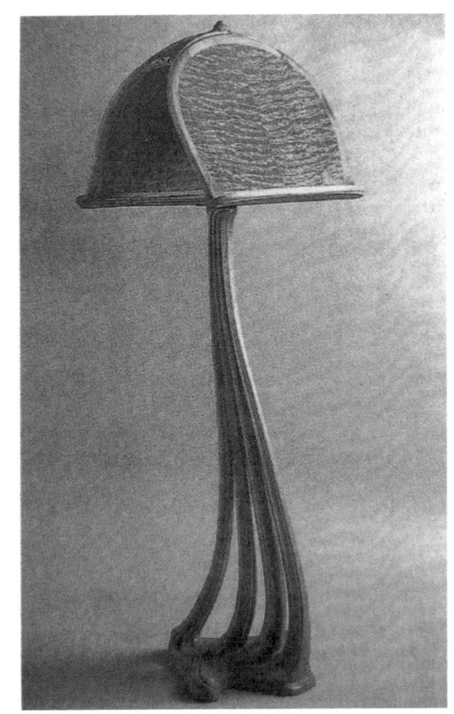

图 1.71

图 1.69　红屋

图 1.70　格林兄弟设计的台灯

图 1.71　“新艺术”风格台灯

活情趣的产品。同时蒂夫尼把“新艺术”的植物花卉图案和曲线直接用于造型上，呈现出与欧洲大陆不同的特色（图 1.72）。

“新艺术”运动的重要发展分支是麦金的“格拉斯哥四人组”（Glasgow Four），具有离开“新艺术”风格，走向现代主义的萌芽特征，在一定程度上为灯饰设计向现代主义发展奠定了基础。麦金托什主张用直线表现简单的几何造型，讲究黑白等中性色彩计划。他为格拉斯哥艺术学校图书馆设计的灯饰（图 1.73）采用大量的纵横直线条、简单几何形体、黑白色彩，为灯具的现代主义形式的发展埋下了伏笔。

2）初期发展

20 世纪初期—20 世纪 40 年代，是设计史上现代主义蓬勃兴起和发展的年代。在荷兰风格派和苏联构成主义的影响下，德国出现了一个在现代设计史上具有深远影响的教学机构——包豪斯（Bauhaus）。包豪斯作为一个为机械化生产设计产品的教学机构，以其一系列的实践活动成为现代设计运动的中心，机构培养了一批思想超前并对社会需求非常敏感的设计大师。他们以自己不同的理解和设计手段进行了具有划时代意义的创造活动，对同时代及后世的设计师有着重要的启发作用。

图 1.72

图 1.73

图 1.72　蒂夫尼玻璃灯

图 1.73　格拉斯哥艺术学校图书馆灯饰

1927年包豪斯学生玛里安·布兰德（Marianne Brandt）设计了著名的“康登”台灯（图1.74）。此款台灯具有可弯曲的灯颈，稳健的基座，造型简洁优美，功能效果好，并且适合于批量生产，成了经典之作，也标志着包豪斯在工业设计上趋于成熟。

威廉·华根菲尔德（Wilhelm Wagenfeld）是从包豪斯毕业的另一位灯饰设计的杰出代表，他设计了著名的镀铬钢管WG24台灯，该台灯由不锈钢管与乳白色玻璃构成。台灯的造型简洁明快，结构单纯明晰，具有鲜明的时代美感（图1.75）。

20世纪初期，斯堪的纳维亚半岛风格在北欧崛起。作为一种现代设计风格，它将现代主义简单明快的设计思想与传统的设计风格相结合，既注重产品的使用功能，又强调设计中的人文因素。其中最值得一提的是闻名世界的丹麦照明设计师保尔·汉宁森（Poul Henningsen）设计的灯饰。20世纪20年代早期，保尔·汉宁森提出，灯饰可以是一件雕塑般的艺术品，但更重要的是它也能提供一种无眩光的、舒适的光线，并创造一种适当的氛围（图1.76）。

图1.74

图1.75

图1.76

3）高度发展

灯饰设计的主要任务是满足现实和重建的需要，对于厂家和设计师而言，有两种象征重建的方法：一种是技术性的，一种是艺术性的。以美国为代表的设计，发展了一种强调机器效率的工业设计风格，美国以近代的光学控制技术为背景，把照明灯饰作为光的道具，朝着创造新的视环境迈进了。

图1.74 “康登”台灯
图1.75 WG24台灯
图1.76 保尔·汉宁森设计的PH台灯

与此相反，以斯堪的纳维亚半岛为代表的设计则以创造美好生活的社会理想来描述自己国家的未来。到了 20 世纪 50 年代，经济迅速增长，消费文化也开始繁荣起来，战后重建的实际需要被风格上的追求所取代。同时，战后经济的大发展，伴随着新材料的产生和新工艺的研发，灯饰设计走进高速发展的时期。20 世纪四五十年代，美国和欧洲灯饰设计的主流是在包豪斯理论基础上发展起来的现代主义，其核心是功能主义。1940 年，现代主义博物馆为工业设计提供了一系列“新”标准，即产品的设计适合于它的目的性、适应于所用的材料及生产工艺，形式要服从功能。符合上述标准的实用物品则被誉为“优良设计”，在灯饰设计中也存在一些这样的范例。挪威设计家宾格 · 达尔 1957 年设计的吊灯（图 1.77），简洁美观的造型使灯具非常受欢迎。挪威设计家雅科布森 1937 年设计的可自由调整台灯，功能完美，生产总数已达到上亿盏，是现代设计最成功的例子之一（图 1.78）。

意大利的灯饰设计达到了一个新的水平，设计师把照明质量与效果，如照度、阴影、光色等与灯具的造型等同起来，在形态创新上取得了很大的成功。从 20 世纪 60 年代开始，塑料和先进的成形技术使意大利设计形成了一种更富有个性和表现力的风格。大量低成本的塑料灯饰以其轻巧、透明和艳丽的色彩展示了新风格的特点，完全打破了传统材料所体现的设计特点和与其相联系的绝对永恒的价值。其中代表人物阿切勒 · 卡斯蒂格利奥尼（Achille Castiglioni）兄弟设计了多款利用聚合物喷塑技术生产的灯饰，在不断探索中改进了灯饰的散热问题。艾科落地灯（Arco Lamp）是他们最有影响力的代表作品（图 1.79），该灯饰表现了卡斯蒂格利奥尼兄弟在设计上对于技术特征的高度强调，金属弧形吊臂、金属灯罩和巨大的白色大理石的张扬，与设计形式上的内敛，形成很鲜明的对照，具有很好的使用功能。卡斯蒂格利奥尼兄弟于 1950 年设计的图比诺台灯，具有强烈的现代形式和良好的使用功能（图 1.80）。

图 1.77

图 1.78

图 1.79

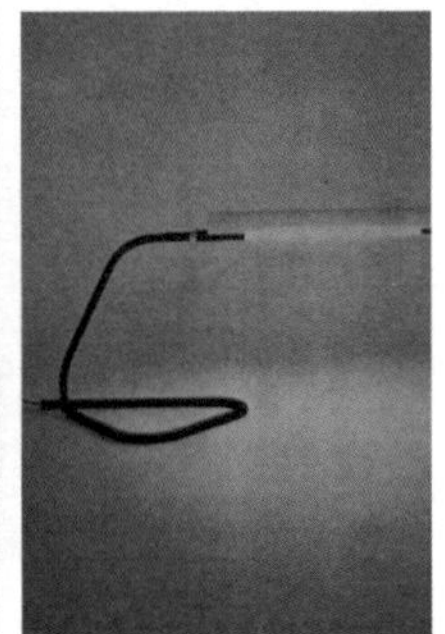

图 1.80

图 1.77　宾格 · 达尔吊灯

图 1.78　雅科布森台灯

图 1.79　艾科落地灯

图 1.80　图比诺台灯

4）多元化设计

20 世纪 70 年代以来，虽然全球经济跌宕起伏，电子工业仍然逆势而上，迅猛发展，人类社会的物质文明进入了一个崭新的时代。思想观念领域呈现出多元价值取向，随之设计领域也呈现出了更加繁荣的景象，设计流派纷呈，“波普主义”“后现代”“高技派”“孟菲斯”“解构主义”等，灯饰设计也在这一潮流下为人们展示了五彩缤纷的新天地。设计师们几乎尝试了他们所能想到的所有材料，包括纸、布料、气体等，运用了各种各样前所未有的造型语言，装饰、表现、象征、隐喻、仿生等手法层出不穷。灯饰在各种设计风格中都有非常典型的代表作品。德国设计师英戈·莫端尔（Ingo Maurer）设计了一盏名为波卡·米塞里亚的吊灯，以瓷器爆炸的慢动作影片为蓝本，将瓷器“解构”成了灯罩，别具一格，是解构主义灯饰的代表（图 1.81）。设计师理查德·萨帕（Richard Sapper）于 1972 年设计的闻名世界的 Tizio 双臂台灯（图 1.82），结构造型独特，身体可以在水平面旋转 360°，也可以让其沿着杆位滑动即可调节灯座高度。Tizio 双臂台灯巧妙地运用了平衡力学，从而呈现出多角度的平衡美感。

现代居室灯饰设计呈现多元化的发展态势。20 世纪 80 年代以来，生态环境问题在国际范围内被广泛关注，设计师在灯饰设计中表现出了对社会、经济、技术、生活方式、环境等诸多方面的关注和思考。在绿色设计思潮的影响下，对再生材料的利用，减少环境污染和能源浪费等问题受到更多设计师的关注。

图 1.81

图 1.82

图 1.81　波卡·米塞里亚吊灯

图 1.82　Tizio 双臂台灯

1.3 灯饰的功能

1.3.1 照明功能

照明是灯饰最基本的功能，也是最重要的功能（图 1.83）。人们从外界环境所获得的信息当中，有 80% 以上是通过视觉得到的。能够让视觉信息在人的生理和心理上起作用的因素，就是光。在进行灯饰设计的时候，必须要考虑光源类型、照度、强度、光色等方面的因素，体现灯饰的照明功能。灯饰的照明要具有安全性和舒适性，既要清晰可见，又要表达出设计的气氛与内涵；既要表现出照明设计，突出明亮的效果，又要与周围环境协调统一。

图 1.83

1.3.2 丰富空间层次

在现代照明设计中，运用人工光源的抑扬、隐现、虚实、动静以及控制投光角度和范围，以建立光的构图、秩序、节奏等手法，可以大大渲染空间的变幻效果，改善空间比例，限定空间领域，强调趣味中心，增强空间层次，明确空间导向。我们可以通过明暗对比，在一片环境亮度较低的背景中突出聚光效应，以吸引人们的视觉注意力，从而强调主要去向。也可以通过照明灯饰的指向性，使人们的视线跟随灯饰的走向而达到设计意图所刻意创造的空间。图 1.84 中的灯饰设计很好地强调了其丰富空间层次的功能，靠近地面的隐藏灯带，既照亮了地面，又明确了空间形态。

图 1.84

图 1.83　照明功能
图 1.84　丰富空间层次

1.3.3 营造空间氛围

灯饰的形态和灯光色彩，用来渲染空间环境气氛，能够达到非常明显的效果。例如，在酒店和会所使用的吊灯，使整个大厅显得富丽豪华（图 1.85）；教室和办公空间使用的荧光灯使环境简洁大方；而某些主题餐厅使用的个性化灯饰则使环境更具艺术气息（图 1.86）。

灯饰的风格常常影响着整个室内空间的风格（图 1.87），也是营造室内空间氛围的重要装饰元素。中式灯饰、地中海式灯饰、欧式灯饰在室内空间中具有明显的识别功能，从色调到造型，可以和室内其他陈设设计形成极好的呼应。

图 1.86

图 1.85

图 1.87

图 1.85　富丽豪华的吊灯
图 1.86　个性吊灯
图 1.87　影响室内风格的吊灯

1.3.4 体现室内环境的地方特色

地域文化的差异形成了灯饰的不同风格和样式，许多灯饰的样式、形态、风格可以体现室内空间的地方特色。因此，当室内设计需要表现特定的地方特色时，就可以借助灯饰设计来体现。图 1.88 展示了大蒜造型的灯饰，其具有浓郁的乡土气息。

图 1.88

1.3.5 审美功能

好的灯饰不仅具有最基本的照明功能，还具有良好的审美功能，让人心情舒畅、精神愉悦。每个时代都有各自不同的时代特征，无论是生活方式，还是审美标准都有所不同。审美是人类最基本的心理特征，人们对美的需求是随着生活的进步、时代的发展而不断提高的。今天，人们在消费过程中看重的不仅是灯饰的照明功能和价格，而且也十分注重灯饰的审美情趣。好的灯饰设计会给消费者带来一定的心理满足感，留下深刻的印象，如清新典雅、质朴醇厚、华贵富丽等。这是灯饰设计的各种要素在消费者心理印象中的综合反映，如：形式美（图 1.89）、材质美、工艺美、装饰美、结构美等。

灯饰设计是时尚的载体，它能自然地流露出不同时代的流行风格和时尚潮流。设计师应具有强烈的超前意识，时刻把握时代的审美情趣，掌握时尚流行新趋势，考虑现代人的审美需求，强调健康、向上、积极进取、具有时代精神的设计美感，使所设计的作品具有引领时尚的魅力，与目标消费群形成默契的情感交流。设计师应追求回归自然的情调和简约的设计风格，提倡绿色设计和人性化设计，注重体现文化性、民族性，通过设计很好地反映整个国家及民族的整体审美水平。

图 1.89

图 1.88　大蒜造型的灯饰
图 1.89　具有形式美的吊灯

1.4　灯饰的构成要素

1.4.1　光源要素

光源是构成灯饰的最基本的要素。人们生存的环境中有自然光源（图 1.90）和人造光源（图 1.91）两种。自然光源包括日光、雷电光、矿物光等；人造光源包括烛光、火光、电光源等。电光源是当今社会最主要的人造光源，也是现代灯饰设计所依赖的主体。

电光源按其工作原理的不同可分为两大类：一类是固体发光源，包括白炽灯、半导体灯等（图 1.92）。第二类是气体放电光源，这类灯没有灯丝，它的光是由两个电极间的气体激发产生的，如氙气灯、节能灯（图 1.93）。

图 1.90

图 1.91

图 1.92

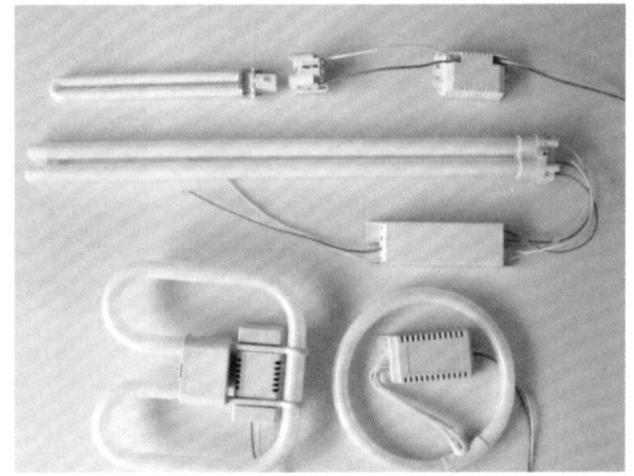

图 1.93

图 1.90　自然光源
图 1.91　人造光源
图 1.92　白炽灯
图 1.93　节能灯管

1.4.2 材料要素

材料要素是灯饰设计的物质载体。灯饰的完成在于设计材料对设计创意的支撑，离开了材料要素，灯饰也就无从存在。人类社会发展到现在，涌现出大量的新兴材料，可用作灯饰的材料越来越丰富。每一种材料都有其独特的物质属性，人们利用材料的各种属性设计出品类丰富的灯饰。图 1.94 中的明月地灯，采用高密度聚苯板打底塑形，外挂混凝土做山石肌理，将磨砂玻璃球作为光源置于其中。图 1.95 中的蓝晕台灯，采用树脂材料制作灯罩，粗铁丝制作灯架并用粗麻绳缠绕。图 1.96 中的轮胎落地灯是采用废弃轮胎内嵌 LED 灯带制作的一款落地灯。图 1.97 中的红酒盒灯是用木质红酒盒框架、旧酒瓶、衍纸、LED 灯带制作的台灯。

图 1.94

图 1.95

图 1.96

图 1.97

图 1.94　明月地灯
图 1.95　蓝晕台灯
图 1.96　轮胎落地灯
图 1.97　红酒盒灯

1.4.3 技术要素

技术要素是灯饰设计得以实现的重要保障。技术要素包括灯饰材料的加工工艺、电路的连接与灯光效果的控制等。不同类型的材料都有其相对应的加工工艺，只有合理地运用材料的加工工艺，并有良好的技术支持，才能让作品有一个完美的呈现。设计师在进行灯饰设计时，要尽可能地了解多种材料的加工工艺，以及懂得运用不同的技术手段所能达到的表面特征的差异，了解最为前沿的加工技术，为设计所用。图 1.98 中的花瓶台灯是采用 3D 打印技术制作的台灯，3D 打印技术可以实现比较复杂的结构形态。图 1.99 中的编织台灯是采用木质底座、金属框架和棉线编织的手法制作的台灯。

图 1.98

图 1.99

图 1.98　花瓶台灯

图 1.99　编织台灯

1.4.4 人文要素

设计是为人服务的。人类所进行的一切设计活动，都是为了满足日常生活的便利性和舒适性，以及精神上的追求。文化是人类社会进步的驱动力。人们生活中所使用的器物都是时代文化的产物。每个时代的灯饰设计都有其特定的文化背景。设计师在进行灯饰设计时，也会自然流露出自身的文化内涵。图 1.100 中的剪纸台灯，采用金属框架底座，仿牛皮纸灯罩，内附中国传统神话故事题材的剪纸图案。图 1.101 中的“浮沉欲望”小夜灯，树脂小夜灯中嵌入铜钱和胶囊，寓意困在欲望胶囊里的人类，反映了设计师的人文思考。图 1.102 中的“空”小夜灯，采用简洁的线条、中国传统元素造景，体现了意境之美。

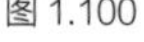

图 1.100

图 1.101

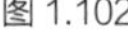

图 1.102

图 1.100　剪纸台灯

图 1.101　“浮沉欲望”小夜灯

图 1.102　“空”小夜灯

2
灯饰设计基础

○ 灯饰设计与人体工程学

○ 灯饰的形态及色彩设计

○ 灯饰设计的发展趋势

2.1 灯饰设计与人体工程学

2.1.1 人体工程学

人体工程学（Human Engineering），也称人类工程学或人类工效学。在室内外环境设计领域中，人体工程学研究“人—机—环境”系统中人（使用者，特指人的心理特征、生理特征及人适应设备和环境的能力）、机（设施，特指工具设施是否符合人的行为习惯和身体特点）、环境（室内外环境，特指人生存环境中的噪声、照明、气温、交往习惯等因素对工作和生活的影响）三大要素之间的关联，它是为研究人的工作效能及健康问题提供理论与方法的一门科学。其定义为：以人为主体，运用人体测量、生理及心理测量等方法，研究人的结构功能、身体力学、社会心理等方面与室内外设计之间的协调关系，以符合安全、健康、高效、舒适等各层次的需求，实现“人—机—环境”的和谐共存（图2.1、图2.2）。

人体工程学对室内设计有着很好的指导作用。为确定人们在室内活动所需要的空间大小提供设计依据，根据相关人体测量数据，从人体尺寸、行为空间、心理空间与人际交往空间等角度，确定各种不同功能空间的划分和尺度，使空间更有利于人们活动。为确定家具、设施的尺度及使用范围提供设计依据，家具是室内空间的主体，其形态、尺度必须以人体尺寸及活动习惯为主要依据，提

图2.1

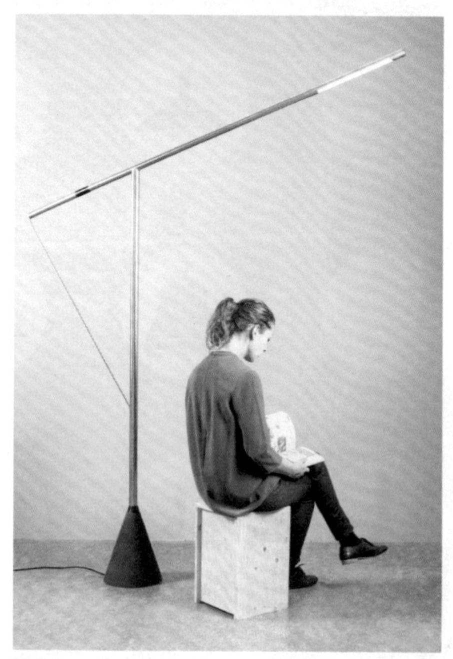

图2.2

图2.1 生活中的人—机—环境

图2.2 人与落地灯

供符合人体活动需求的最佳室内环境。以人体工程学所提供的室内热环境、声环境、光环境、色彩环境等参数为依据，方便快捷地做出正确的设计定位，为室内视觉环境设计提供科学依据。

人眼的视力、视野、光觉、色觉是视觉设计的参照要素，通过人体工程学计算得到的数据，能更科学有效地指导室内光照、色彩、视觉最佳区域等方面的设计。从整体规划到细节设计，以人体工程学为指导，就意味着以人们使用的舒适程度为出发点，促使人们的生活、工作、娱乐等活动更加高效、安全、舒适、和谐。

图 2.3 中的投影台灯是 2019 年 iF 设计奖获奖作品，由 Compal Experience Design 工作室设计，舒适的光线、具有投影功能的台灯，为学习、生活提供了更多的可能性。

图 2.3

灯饰设计需要以人体工程学计算得到的数据作为依据，坚持“以人为本”的人性化设计理念，进行光色及形态方面的极优设计，让室内光环境达到最佳的舒适度。

2.1.2 人体工程学的应用

1）把握灯饰尺度

所谓尺度，就是在不同空间范围内，建筑的整体及各构成要素使人产生的感觉，是建筑物的整体或局部给人的大小印象与其真实大小之间的关系问题。它包括建筑形体的长度、宽度、整体与城市、整体与整体、整体与部分、部分与部分之间的比例关系，及对行为主体人产生的心理影响。尺度与尺寸的区别在于尺度一般不是指建筑物或要素的真实尺寸，而是表达一种关系及其给人的感觉。尺寸是用度量单位，如：千米、米、厘米等对建筑物或空间要素的度量，是在量上反映建筑及各空间构成要素的大小。不同的尺度带来的感觉是不一样的，有的尺度让人感觉到挺拔或厚重，有的让人感觉到庞大或轻飘，它直接影响人的心理感受。由此可见，尺度在空间设计中处于至关重要的位置。

在进行灯饰设计时，要充分考虑灯饰的尺寸与空间以及与人的比例关系，制定好灯饰的尺寸，把握好灯饰给人的尺度感，达到灯饰与空间和人之间的舒适尺度（图 2.4）。

图 2.3　投影台灯

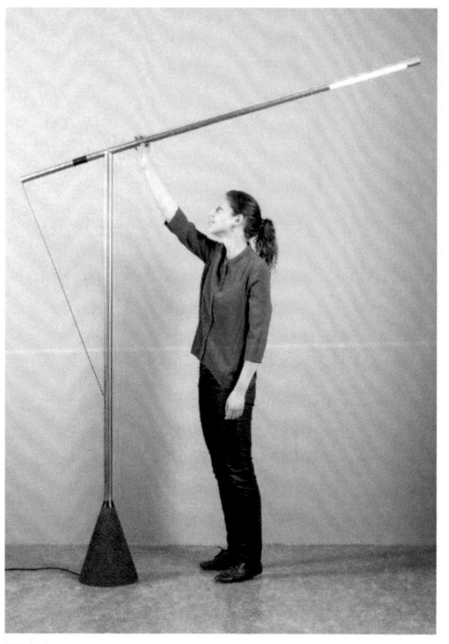
图 2.4

灯饰设计与人体的测量数据有直接的关系（图 2.5）。人体测量数据包括构造尺寸和功能尺寸。构造尺寸，又可称为静态尺寸或结构尺寸，是人体处于固定的标准状态下测量所得的数据，根据不同标准状态和不同部位，可以测量到多种不同数据，如身高、手臂的长度、腿的长度等。

功能尺寸又可称为动态尺寸，是人体进行某种功能活动时肢体所能达到的空间范围，是由肢体运动的角度和长度相互协调而产生的范围尺寸，它是在人体的动态状态下测量所得的数据。功能尺寸对于解决空间范围及位置的问题，具有尤为突出的指导意义。

不同类型的灯饰在室内空间中都有其适宜的尺度（图 2.6）。

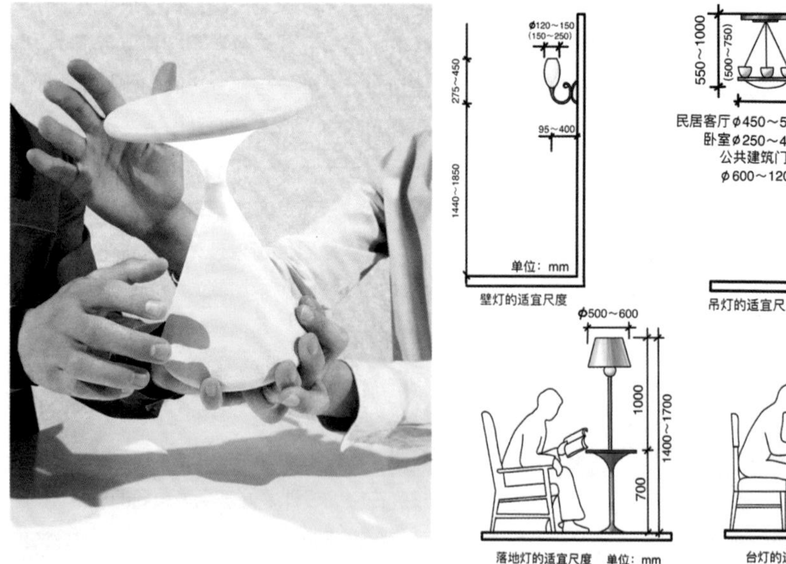

图 2.5

图 2.6

图 2.4　舒适尺度
图 2.5　人机关系（Tobias Grau GmbH 设计）
图 2.6　适宜的尺度

2）适应人体的感知系统

人体感知系统包括感觉和知觉。在人体工程学中，知觉是人脑对直接作用于感觉器官的事物整体的反映，是对感觉信息的组织和解释过程。感觉是指来自体内外的环境刺激通过眼、耳、鼻、皮肤等感觉器官产生信号脉冲，信号脉冲通过神经系统传递到大脑中枢而产生的感觉意识。感觉主要包括视觉、听觉、嗅觉、味觉和触觉，合称为“五大感觉”。在“五感”中，视觉是第一大感觉系统，外部环境 80% 的信息是通过眼睛来感知的。图 2.7 是日本设计师津村耕佑基于日本传统的纸灯设计的“鬼灯”，把丝绸贴在纸上加固，以职业植发师的植发技术，手工将毛发一根一根粘上去，给人一种轻微的惊悚感。图 2.8 中的“安全的保障”地灯，利用废弃灭火器设计巧妙而成，“安全的保障”在给人强烈的视觉感受的同时发人深省。

灯饰照明设计在视觉环境设计中起着重要的作用。在进行照明设计时要考虑人的视觉特征，控制好空间的亮度，注意光照的均匀性。针对老年人的生活空间，需要增加约 20% 的照明，尽可能地提高空间的亮度。

除“五感”之外的人体感知觉，还有温度感觉、痛觉、肤觉。灯饰造型的处理，材料的选择也会给人体带来不同程度的刺激，如振动的大小、冷暖程度、质感强度等。在设计与人体接触的灯饰（比如台灯、落地灯）时，需要考虑人体温度、触觉等生理因素，选择导热系数小的电光源和材料，提高人体接触的舒适感。

图 2.7

图 2.8

图 2.7　“鬼灯”

图 2.8　“安全的保障”地灯

3）考虑人体的运动系统

人体运动系统由骨骼（运动杠杆）、肌肉（运动动力）和关节（运动枢纽）组成。人体工程学的基本设计原则就是避免静态肌肉施力，具体表现为避免弯腰或其他不自然的身体姿势，避免长时间抬手作业。在进行灯饰设计时，要充分考虑到人体的运动特性及活动范围。

4）满足人的心理与行为需求

从哲学上讲，人的心理是客观世界在人脑中主观能动的反映。人的心理活动的内容，来源于客观现实和周围的环境。心理和行为都是用来描述人的内外活动的，但习惯上把“心理”的概念用于描述人的内部活动（但心理活动要涉及外部活动），而将“行为”概念用于描述人的外部活动（但人的任何行为都是发自内部的心理活动）。

由于年龄、性别、职业、道德、伦理、文化、修养、气质和爱好等不同，每个人的心理活动也千差万别，具有非常复杂的特点。在进行灯饰设计时，要尽可能地考虑人的心理与行为，创造出一个宽松的、良好的、舒适的光环境（图 2.9）。

图 2.9

图 2.9　舒适的光环境

2.2 灯饰的形态及色彩设计

灯饰的形态及色彩是灯饰最显著的外观特征，能够给人留下最直观的印象。灯饰的形态及色彩设计影响着人们的审美取向，也关系到灯饰是否会得到人们的喜爱。

图 2.10

2.2.1 灯饰的形态设计

1）灯饰形态设计的概念

灯饰的形态是灯饰物质功能和审美功能的载体，不同形态的灯饰会给人们带来视觉上、听觉上、触觉上不同的感官刺激。灯饰设计师要充分挖掘使用者各种感官上的需求，创造出符合人们生理和心理认知的灯饰作品。

具有形态美感的灯饰，在给人留下深刻印象的同时，也会给人带来精神上的愉悦感。灯饰的“形”主要通过尺度、比例、大小等因素影响人们的视觉心理。例如，对称或矩形能使人感到严谨，有利于营造庄严、典雅、稳重的气氛（图 2.10）；圆或椭圆的形状具有饱满与包容感，有利于营造完美圆满的气氛；而自由曲面的形，会给人一种自由、轻松且又时尚的感觉（图 2.11）。

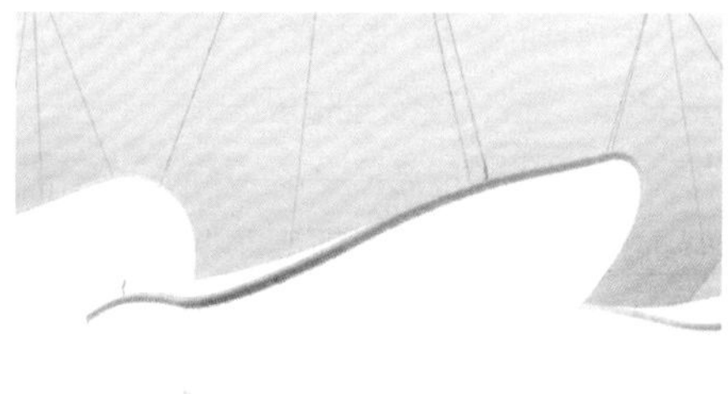

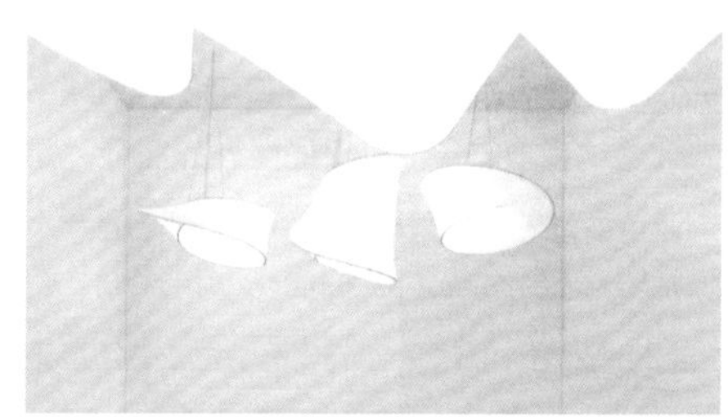

图 2.11

灯饰的“态”是通过灯饰的“形”表现出来的精神状态，可以说“形”是“态”的物质基础，“态”是“形”的精神保障。一件具有积极状态的灯饰，不仅能给人美的视觉感受，同时能引起人们情感上的共鸣。情感因素在灯饰形态设计中占据着极其重要的地位。设计师要从情感的角度出发探讨灯饰设计的形态，来满足人们情感上的需求，让设计主题达到更高的层次。

图 2.10　对称的吊灯

图 2.11　曲面吊灯（英国 Ross Lovegrove Ltd. 设计）

2）灯饰形态美学规律

灯饰形态不仅要具有良好的使用功能，还要具有美的艺术感染力，使人们从中得到美的享受。美的创造是灯饰艺术形态的表现过程。灯饰形态必须符合基本的美学规律，即形式美学法则。如比例与尺度、对称与均衡、节奏与韵律、对比与和谐、稳定与轻巧、统一与变化等。

（1）比例与尺度

比例与尺度是一种用数学方式来表述灯饰形态美的艺术语言。比例是体现各个事物之间，或整体与局部之间，或局部与局部之间的数量关系。尺度是指结构、功能等与人体和使用要求所形成的尺寸大小。常用的比例有黄金分割、等差比、平方根比等。

基欧吉 · 达克兹在《极限的力量》中提道："黄金分割比例的伟大之处在于，它具备一种独特的能力，能将整体中的不同部分统一起来，而各部分又能保留其自身的特征，并融入这一整体的风格中去，从而产生一种和谐感。"从人体的比例及自然界中的植物、动物和昆虫的生长模式中，都能发现黄金分割比例。黄金分割比例约为 0.618 ： 1，通常被看作美的自然标准。13 世纪意大利数学家列奥纳多 · 皮萨诺发现的斐波那契数列是类似黄金分割的整数序列。这个数列中从第 3 项开始每个数都等于前面两数之和：0，1，1，2，3，5，8，13，21，34 等。图 2.12 是雏菊的头状花序，显示了如同斐波那契数列数字关系般的螺旋排列。等差比常用的有 1 ： 1、1 ： 2、1 ： 3。平方根比为 1 ： 1.414 是黄金比的近似比例。

图 2.12

（2）对称与均衡

对称是一种最古老的美学法则，它是人类在长期的生活中，通过对自身、对周围环境的观察而发现的，体现着事物自身结构的一种基本规律（图 2.13）。对称的类型有：双侧对称、移动对称。对称能突出中心，给人安定、平稳、庄重、严肃的感觉，但过于对称则容易显得呆板，没有生气。在实际设计中，经常用小的局部来打破对称，让灯饰在整体形态中产生细微变化，不至于呆板。

均衡包括物理平衡和视觉平衡，一则属于科学研究的范畴，逻辑思维的方法；一则属于美学研究的范畴，形象思维的方法。物理平衡直接关系着灯饰的稳定性（图 2.14）。均衡给人以稳中有变、静中有动，总体上又趋于均匀平衡的感受。均衡是灯饰形态设计常用的手法，平衡使灯饰表现形式多样。

图 2.12　雏菊的头状花序

（3）节奏与韵律

节奏在灯饰形态中可解释为：在时间、空间上以一定的单元形态有序地重复，给人一种连续或流动的感觉。在节奏基础上加以一定的变化，就形成了抑扬顿挫的韵律。韵律就是有了一定韵味的节奏。节奏是韵律的基础，韵律是节奏的丰富（图 2.15）。

（4）对比与调和

对比与调和是利用灯饰造型中各因素的差异性，来获得不同艺术效果的表现形式。对比是利用灯饰形态内部两部分或者多部分之间的强烈差别来突出灯饰造型的某个特征，以获得强烈的视觉效果。调和与之相反，是调和灯饰各个部分的对比程度以减小差异，以获得灯饰各个部分和谐的视觉效果。在实际设计中并非有调和就没有对比，有对比就没有调和，往往是两者相互依存，使得灯饰更加“耐看”（图 2.16）。

（5）稳定与轻巧

稳定是指灯饰在使用时的稳定性和在视觉上给人的安全感，但过于稳定则会导致笨重。它包括两个方面：一方面是物理性稳定，即灯饰使用中的稳定性，需要考虑重心是否处在较低位置，抗挤压、抗推拉性是否良好；另一方面是心理稳定（视觉安定），即灯饰给人以稳定的感觉，强调的是感觉，需要考虑到各部分体块在重力方向上的排列、材质固有的重量感等。图 2.17 所示的是采用混凝土材质制作的地灯，给人稳定的视觉感受。

图 2.13

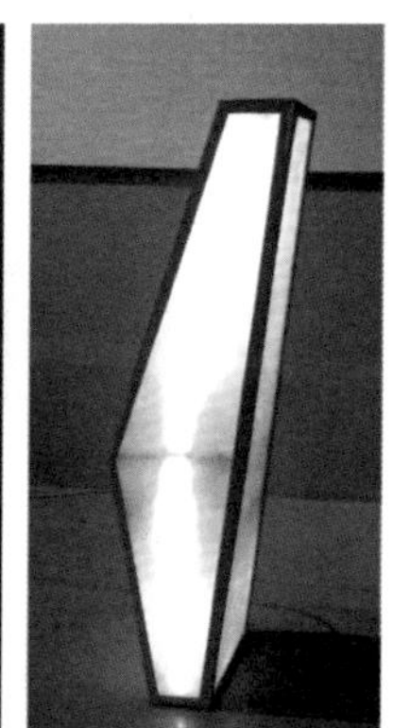

图 2.14

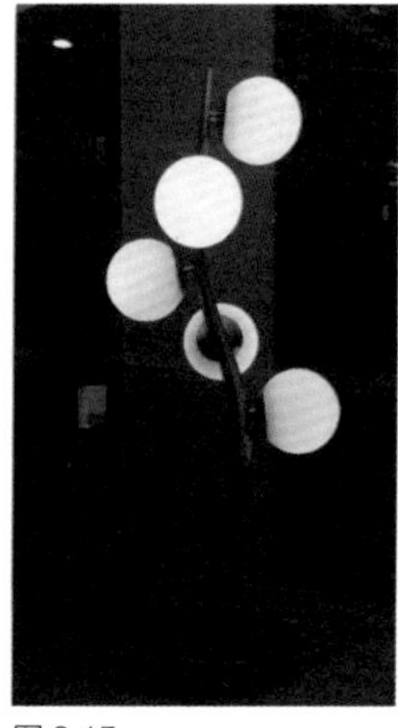

图 2.15

图 2.16

图 2.13　对称
图 2.14　均衡
图 2.15　节奏与韵律
图 2.16　对比与调和

图 2.17

图 2.18

稳定的反面是轻巧，轻巧指灯饰形态的体量小、质感轻，使用轻盈、灵活。轻巧分为物理轻巧与心理轻巧。在灯饰造型设计中，有些设计既有实际稳定，又有视觉稳定。灯饰实际上是稳定的，但视觉上可以是轻巧的。设计时可通过材料、支撑面积、体块分割、色彩分割等变化获得稳定或轻巧的视觉感受。图 2.18 所示的落地灯，色彩的处理给人轻巧的视觉感受。

（6）统一与变化

统一与变化是一对相互矛盾的有机体。统一是寻求内在联系，是追求形态的完整性、整体性；变化则刚好相反，是寻求差异性，追求形态的变化。统一给人以和谐、有秩序的心理感受，因而会产生愉悦感（图 2.19）；变化给人以生机、活力、生动的心理感受（图 2.20）。统一与变化法则，是要求我们在设计时既要追求灯饰形态的统一，又要具有一定的变化，使其不过于整体化或完整化。也就是说在统一中求变化，在变化中求统一（图 2.21）。如果只有变化没有统一，灯饰就会杂乱无章，而只有统一没有变化，灯饰就会单调枯燥。

图 2.19

图 2.17　混凝土地灯
图 2.18　落地灯
图 2.19　统一

图 2.20

图 2.21

2.2.2　灯饰的色彩设计

色彩是灯饰可视性表达的重要因素之一，对塑造形态、丰富形态起着非常关键的作用。灯饰的色彩不仅影响着人们的视觉感受，还影响着人们的心理感受。据调查显示，人们认知一种产品的属性时，在最初的 20 秒内，色彩感觉会占 80%，形体占 20%；2 分钟后，色彩占 60%，形体占 40%；5 分钟后，色彩、形体各占 50%。色彩是人们对灯饰的第一视觉印象，有着形体与质感不可替代的重要地位（图 2.22）。

图 2.22

图 2.20　变化
图 2.21　统一与变化
图 2.22　“笼中鱼”灯

1）灯饰的光色

能够自身发光的物体被称为光源。光源有自然光、人造光两种。灯饰的光源属于人造光源。灯饰的光源色有暖色、冷色之分（图2.23）。为了得到丰富多彩的光色，我们可以充分利用透光材料的特性对颜色加以处理（图2.24）。

灯饰的光色，包括灯饰的光源色及透过灯饰表面所呈现的光的色彩。现代科学证实，光是一种电磁波。电磁波包括宇宙射线、X射线、紫外线、红外线、无线电波和可见光等，它们都有各自不同的波长和振动频率。在整个电磁波范围内，并不是所有的光都有色彩，只有 380 ~ 780 nm 波长的电磁波能引起人的色觉，这段波长叫可见光谱，即通常所称的光。波长介于 0.78 μm ~ 1 mm 的电磁波称为红外线，介于 10 nm ~ 0.38 μm 的电磁波称为紫外线。

2）物体色

物体色是指光源色照射到物体上时，由于物体本身的物理特性，对光有选择地吸收、反射或投射而呈现出的各不相同的色彩。以物体对光的作用而言，大体可分为不透光和透光两类，通常称为不透明体和透明体。

不透明体的颜色取决于对波长不同的各种色光的反射和吸收情况。如果一个物体几乎能吸收阳光中所有的光色，该物体就呈黑色。如果一个物体只反射波长为 460nm 左右的光，而吸收其他各种波长的光，则该物体看上去就是蓝色的。

图 2.23

图 2.24

图 2.23　冷暖光色

图 2.24　加入蓝色的树脂灯

透明体的颜色是由它所透过的色光决定的。红色的玻璃之所以呈红色，是因为它只透过红光，吸收其他色光的缘故。每一种物体对各种波长的光都具有选择性吸收、反射和投射的特殊功能，在相同光源的条件下，具有相对不变的色彩（图 2.25）。

图 2.25

3）灯饰材料的固有色与光源色

物体的固有色是指在白光或常态光源下物体所呈现的颜色（图 2.26）。物体固有色会因光源色及周围环境色的影响而发生变化。在进行灯饰的色彩设计时，色彩的搭配要注意常态光源下呈现的颜色和灯饰光源下所呈现的颜色，只有充分考虑灯饰材料的固有色与光源色的关系，才能让灯饰在空间中得到更好的呈现。

4）环境色的影响

环境色，又称条件色，是指物体周围环境的颜色（图 2.27）。物体在空间中存在，是受具体环境情况影响的，在光的照射作用下，物体的色彩会相互作用、相互影响。环境色的强弱和光的强弱成正比，表面光滑的物体受环境色影响明显，表面粗糙的物体受环境色影响不明显。

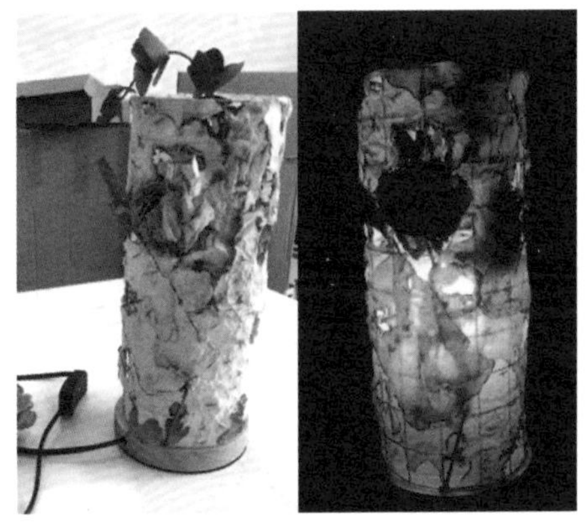

图 2.26

图 2.27

图 2.25　物体色
图 2.26　固有色与光源色
图 2.27　环境色

2.3 灯饰设计的发展趋势

2.3.1 灯饰功能的发展趋势

1）向多功能、小型化发展

随着科技的进步，LED 紧凑型光源得到快速发展，新技术、新工艺不断地运用到镇流器等灯用电器的配件上，现代灯饰的体量趋向小型化，并向着多功能结合的方向发展，如图 2.28 所示的多功能台灯，设计为触摸式开关，可为手机无线充电。

2）由单一的照明功能向照明与装饰并重的方向发展

新技术、新材料的运用为灯饰设计提供了更多的可能性。在满足照明功能的同时，灯饰造型的装饰性得到了人们更多的重视。具有良好装饰功能的灯饰，有助于提升空间的品质，如图 2.29 所示的 Nap 公司设计生产的 URI 灯，其 LED 光源柔软、简约。

图 2.28

图 2.29

2.3.2 灯饰形态设计的发展趋势

1）自然形态艺术化、抽象化

模仿自然形态是一种最直接、最简单的灯饰形态设计的方法，它不仅能激发人们的审美意识，还能体现出自然、生态的设计理念，使得灯饰形态具有自然的灵性与气息。在城市化快速发展的今天，人们越来越追求纯粹、原生态的形态设计，以此来弥补远离大自然的缺憾。在现代灯饰形态设计中，开始流行自然形态艺术化的设计风潮。图 2.30 所示的蝴蝶灯，采用蝴蝶标本、干花、原木制作。

值得注意的是，现代灯饰形态设计，不再局限于简单地模拟自然形态，而是在参考自然形态的基础上进行艺术性的设计。设计者提取自然形态中的部分元素，运用创新的手法进行抽象化设计，实现自然形态的艺术化转变，从而传达出设计者在灯饰形态设计中赋予的人文自然观。图 2.31 是设计师阿农 · 派洛（Anon Pairot）设计的木薯材料吊灯，经过高压真空处理，木薯纤维结构变得坚实和坚硬，并具有半透明的效果。

图 2.28　多功能台灯
图 2.29　URI 灯

图 2.30

图 2.31

图 2.30　蝴蝶灯

图 2.31　木薯材料吊灯

2）体现绿色环保与人文关怀

经济增长所带来的环境问题，让人们越来越意识到保护自然的重要性，并将环保意识融入现代灯饰形态设计中。由于灯饰是一种更新换代较频繁的消费品，所以将绿色环保材料运用于灯饰形态设计中就显得很有必要。设计师在追求灯具形态审美性的同时，也需要从现实生活需求出发，抓住人们向往自然生态的心理，从而将绿色环保设计及绿色照明带入人们的室内环境中。这样不仅满足了人们对自然绿色材料的倾向心理，而且还为人们营造了一个充满天然绿色的室内空间，一定程度上推动了现代灯饰形态设计的发展与革新。近些年来的灯饰形态设计，不再只是追求外形包装的华丽，而是更倾向于设计的简约优美、绿色天然，充分利用现有的材料进行设计，从而践行绿色环保的设计理念。图 2.32 是用老木头设计制作的一款吊灯，也可作壁灯使用。

灯饰是室内环境的灵魂点缀，灯饰的外形、色调都会影响人们对室内环境的整体感觉。由于家是人们生活与心灵的回归港湾，若室内灯饰能够营造出温馨的氛围，人们工作一天之后的疲劳，都会在这样温馨的室内环境中得到纾解与放松。现代灯饰形态设计开始注重探寻人们内心的真实感受，并希望能够通过灯饰形态设计为人们带来不一样的且细致入微的人文关怀，使人们能够在抬头观看灯饰的瞬间得到情感寄托与情感共鸣。以人为本的现代灯饰形态设计理念，为灯饰行业注入了新的发展动力，感性的、人文化的灯饰形态设计成为现代室内空间艺术的一大亮点。这种贴近现实生活的灯饰形态设计具有鲜明的艺术感染力，其多样化的视觉语言符号为人们构建了一个温馨、和谐的交流空间。

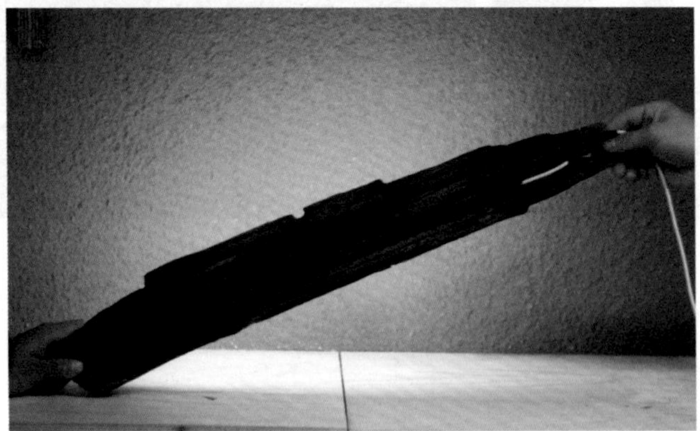

图 2.32

图 2.32　老木头吊灯

3）装饰性、趣味性的视觉效果

现代灯饰的形态设计越来越重视装饰性、趣味性的视觉效果。具有装饰性、趣味性特征的现代灯饰，在使人心情愉悦的同时，还能为所在的环境增添一丝审美情趣，受到广大青年消费者的喜爱。为了加强灯饰形态的视觉效果，设计师往往会通过艺术装饰来塑造灯饰的外部造型，从而使其更具视觉感染力。运用夸张的设计方法，可以让灯饰形态富有装饰性的视觉效果。设计师会对自然物象进行适当的夸张变形，如突出自然物象的某一特征，从而赋予这些自然物象以全新的视觉效果。与此同时，设计者还会对自然物象进行适当的拟人化，进而令灯饰的艺术形态更加富有审美情趣，使人们在看到可爱的、形象的灯饰时也能被触动得会心一笑。图2.33所示的月球漫步灯，是一款采用可爱的宇航员及人造卫星模型组合，手工制作而成的壁灯。图2.34是精品竹制台灯，采用小狗造型，头和四肢都是可活动关节，小狗可以随意摆出各种姿势，淘气、卖萌、撒欢奔跑或是坐在桌面。

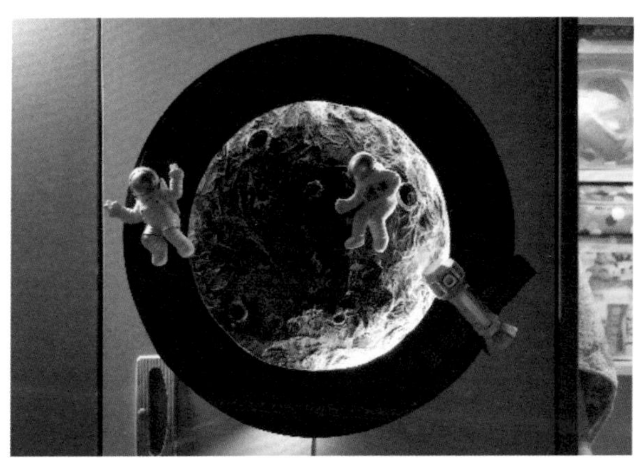

图2.33

图2.34

图2.33　月球漫步灯

图2.34　精品竹制台灯

4）重视民族文化、弘扬传统艺术

民族文化对于民族的延续、国家的存亡，有着特别重要的意义。在艺术设计领域，民族性的设计往往更能吸引人们的眼球，当下灯饰形态设计行业同样如此。而出现这种现象的主要原因是人文环境的影响。在人们的潜意识中，其审美取向一般与他们的风俗习惯相适应，民族性的产品设计往往更能得到人们的青睐。现代灯饰形态设计越来越重视民族文化，这不仅可以顺应广大消费群体的审美需求，还可以弘扬传统艺术，从而赋予现代灯饰形态设计以实用意义、艺术意义及象征意义。图 2.35 所示的田园风吊灯，采用具有田园气息的藤编制作，富有田园趣味，视觉效果突出。

我国的传统艺术博大精深，灯饰造型设计在古代时期就已经令人惊叹，无论是灯饰外形塑造还是材料运用，无不体现着古人的智慧与创意。现如今那些遗留下来的古代灯饰已然成为我国的宝贵财富，不仅彰显了我国传统艺术的精美绝伦，也为我国现代灯饰形态设计提供了设计灵感。图 2.36 是一款新中式吸顶灯，采用我国传统的吉祥纹样进行设计，既丰富了出光的层次，又彰显了我国传统艺术的精美。

图 2.35

图 2.36

图 2.35　田园风吊灯
图 2.36　新中式吸顶灯

2.3.3 灯饰材料应用的发展趋势

1）自然纯朴、返璞归真的自然材料

灯饰，对环境格调起着非常重要的调节作用。当代社会各行各业竞争压力巨大，工作之余，人们渴望拥抱大自然，让身体与心灵得到放松。用自然材料制作的灯饰能够在不同程度上满足人们追求自然的精神需要。另外，自然材料无毒无害、绿色环保，有利于国家节能减排政策的推行，更有利于人们的健康生活，越来越受到人们的喜爱。图2.37竹制摆件花灯“倾斜的花篮”，采用竹质材料、牛皮纸绳及绣球花等自然材料制作而成，营造一种花篮倾斜、花朵即将飘落的感觉。图2.38所示的时光流逝灯，是采用手工纸和时钟进行结合的一款装饰壁灯，让人在不经意间看到“时光的流逝”。

（1）智能化、技术含量高的复合材料

随着材料科学的发展，材料的种类越来越多，性能也越来越优化，一些智能化、技术含量高的复合材料逐渐被应用于现代高档灯饰的设计中。如有些灯饰的材料将会随着照射时间的不同而变化颜色或根据声音的不同来确定颜色等。另外，随着人们审美意识和经济能力的提高，这些复合材料的表面艺

图2.37

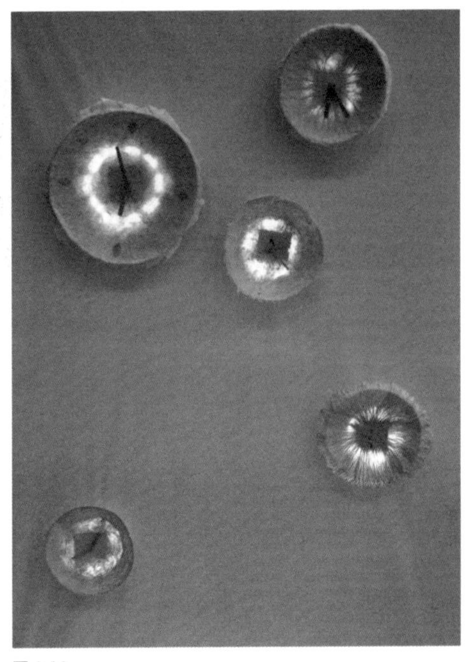

图2.38

图2.37 “倾斜的花篮”竹制摆件花灯
图2.38 时光流逝灯

术效果也将越来越丰富，越来越受到人们的重视。图 2.39 所示的感应小夜灯，采用竹制材料搭配自然干花，内置智能化感应灯，在光线较暗的情况下，有人能经过会自动点亮。

（2）晶莹剔透、富丽豪华的材料

晶莹剔透、富丽豪华的材料给人高贵、精致的感觉。可以很好地吸引人的注意力。晶莹剔透、富丽豪华的材料常见于气势宏伟的高档吊灯和精巧的水晶灯（图 2.40），材料本身具有很好的透光折射性，再加上剔透的质地，对高档办公楼及豪华宾馆和饭店等公共场所以及高档别墅的装饰起着非常好的渲染作用。

图 2.39

图 2.40

图 2.39　感应小夜灯

图 2.40　水晶灯

3

灯饰的构件与照明设计

○ 灯饰的构件

○ 灯饰的照明设计

○ 照明设计与空间氛围营造

3.1 灯饰的构件

灯饰一般由灯体、灯罩、光源及电料四部分组成。

3.1.1 灯体

灯体是灯饰的支架结构部分，具有稳定、支撑的作用。材质上常选用相对结实的金属、陶瓷或木质材料，如图 3.1 所示的金属支架，具有很好的稳定性。灯体是灯饰的主要形态部位，如图 3.2 所示的酒具器皿台灯，对中国古代酒器“爵”的形态元素进行提取，设计成具有稳定作用的支架并与磨砂效果的酒瓶结合。在进行灯饰设计时，不仅要考虑材质和形态，还要注意电源线路和光源位置的隐蔽与安全。

3.1.2 灯罩

灯罩是灯饰光源的遮掩部位，一般由骨架和面罩两部分组成，是灯饰光效的重要表现部位，如图 3.3 所示的陶瓷灯罩，透过瓷胎可以得到温润柔和的光线，与传统的绘画形式结合，别有一番韵味。

可用于制作灯罩的材质多种多样，总体上可分为不透明、半透明和透明三大类材质，如图 3.4 所示的羽毛吊灯，是用白色羽毛进行有规律的排列制作的一款灯饰，半透光的羽毛在光的映衬下突显柔软的质感。

进行灯饰设计时，应着重考虑灯罩的形态、材质以及面积大小，这些都是直接影响光源输出效率的重要因素。同时，还要特别注意光源的大小及位置，以避免产生刺眼的眩光，以及对灯罩防火散热性能的要求。

图 3.1

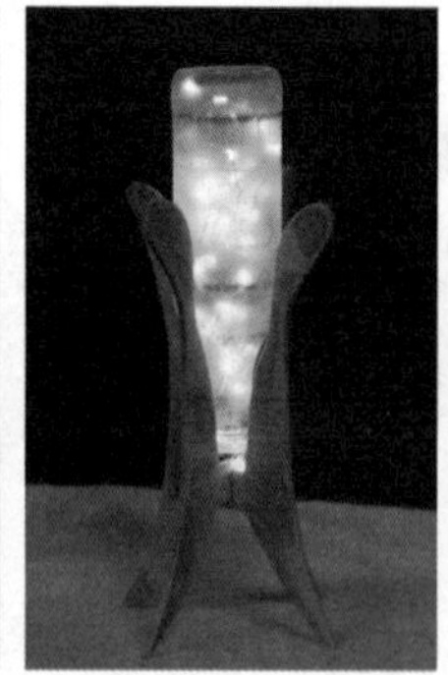
图 3.2

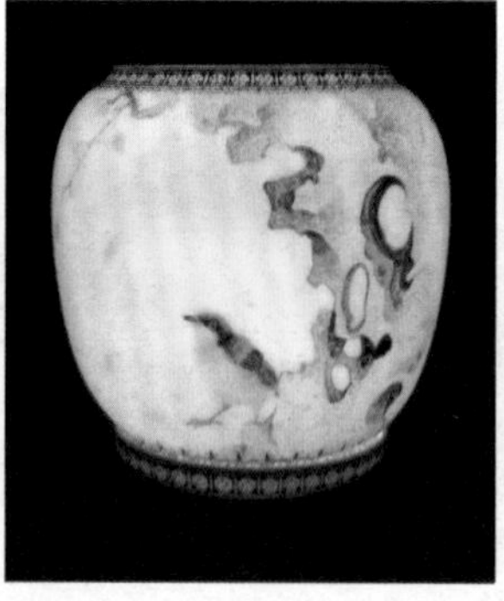
图 3.3

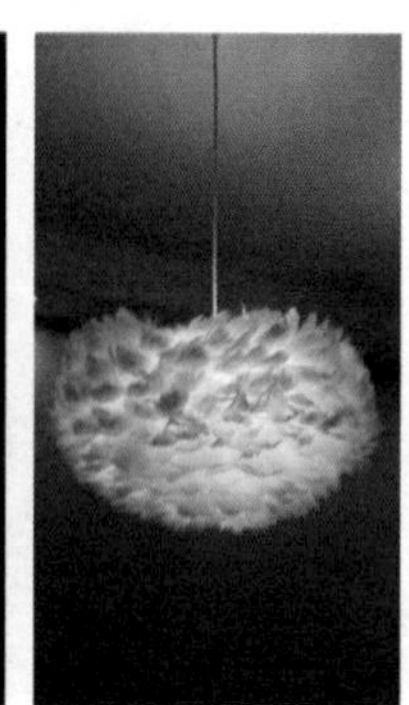
图 3.4

图 3.1　金属支架
图 3.2　酒具器皿台灯

图 3.3　陶瓷灯罩
图 3.4　羽毛吊灯

3.1.3 光源

光源是灯饰的核心部分，没有光源就不能称其为灯饰。现在常用的光源多为电灯，有多种类型可供选择（图 3.5、图 3.6）。光源的亮度和显色性是灯饰重要的衡量标准，也是营造空间氛围的重要依据。选择什么样的光源可以根据灯饰的实际功能要求来决定。

3.1.4 电料

电料包括电线、插头、插座、可控开关以及相关配件等（图 3.7），是灯饰安全的主要部分。使用时应选择达到国家标准的电料产品，同时注意接头的安装标准和规范。

图 3.5

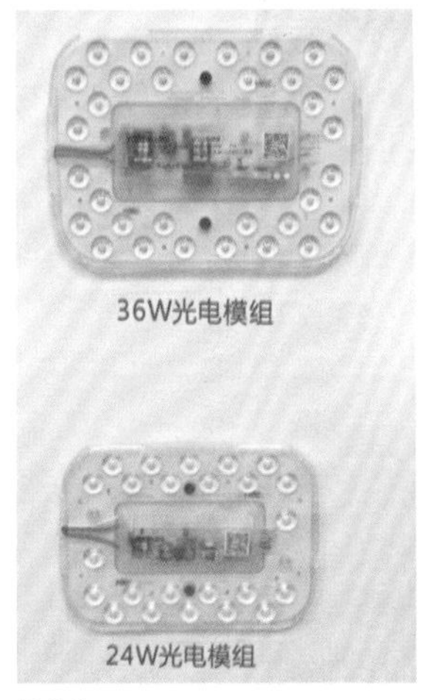

图 3.6

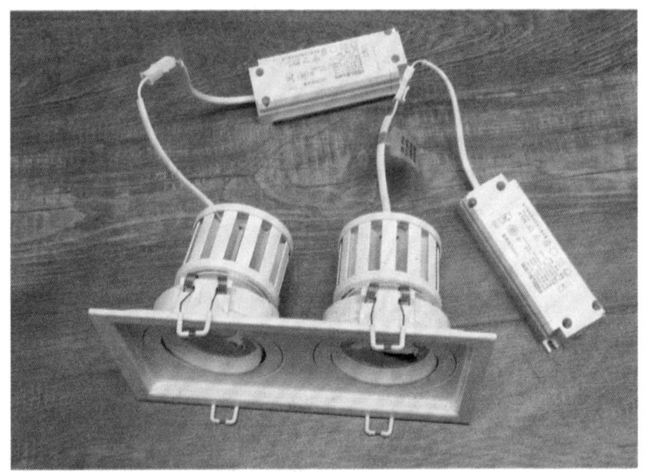
图 3.7

图 3.5　不同型号的筒灯
图 3.6　LED 光源
图 3.7　筒灯的相关配件

3.2　灯饰的照明设计

照明是灯饰最基本的功能。照明设计的目的，在于通过光使空间的形状和氛围视觉化，如图 3.8 所示的与墙壁结合的灯饰，简洁的三角形的光使空间更具视觉吸引力，很好地营造了空间氛围。好的照明标准之一，就是有利于眼睛的视觉特性。人工光源能够比较容易地控制光，随时都可以为眼睛创造出安稳和理想的照明，提供高效率、安全舒适的工作和生活环境。

灯饰的照明设计就是在满足灯饰基本的照明功能的同时，营造出让人感觉舒适并具有良好的空间氛围的光环境。如图 3.9 中营造的舒适的光环境，不同空间层次的灯饰搭配，展现出良好的照明设计。

图 3.8

图 3.9

图 3.8　与墙壁结合的灯饰

图 3.9　舒适的光环境

3.2.1 照明质量的要求

1）色温和照度

色温和照度的关系对空间的氛围有很大影响。色温是照明光学中用于定义光源颜色的一个物理量，即把黑体加热到一个温度，其发射的光的颜色与某个光源所发射的光的颜色相同时，这个黑体加热的温度称之为该光源的颜色温度，简称色温，单位为开尔文（K）（图 3.10）。光和色彩一样，影响着人的心理感受。光源色温不同，给人带来的感觉也不相同。

光源的色温分为低色温、中色温、高色温。低色温（2700～3500 K）：含有较多的红光、橙光。犹如早上八时左右的太阳光，给人以温暖、温馨的美感。中色温（3500～5000 K）：所含的红光、蓝光等光色较均衡。犹如早上八时以后、十时以前的太阳光，给人以温和、舒适的美感。高色温（5000 K 以上）：含有较多的蓝光。像上午十时以后、下午二时以前的太阳光，给人以明亮、清晰的美感。

高色温光源的照射，如果照度不高，就会给人一种阴冷、后退、远小的感觉；低色温光源的照射，照度过高则会给人一种闷热的感觉。色温越低，色调越暖（偏红）；色温越高，色调越冷（偏蓝）（图 3.11）。

图 3.10

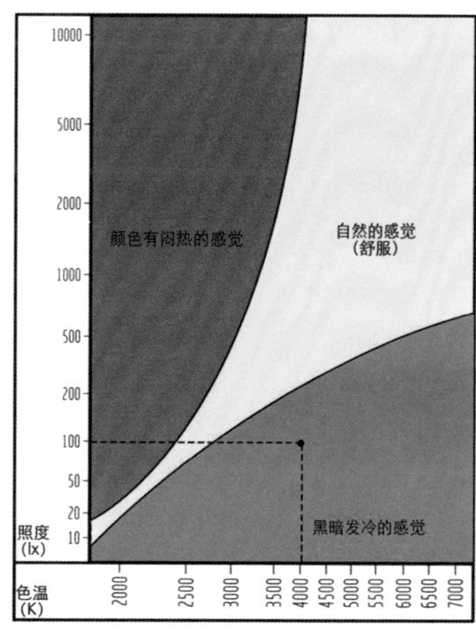

图 3.11

图 3.10 色温表

图 3.11 色温和照度的关系

按照色温的定义，2800 ~ 10000 K 都属于太阳光的色温范围，这就是广义的太阳光的色温定义范围。但是，只有色温为 6500 K 的光线（也称 D65）被定为白光的标准色温，它也就是国际照明委员会（CIE）的标准照明体 D65。色温 6500 K 的光线所含的光谱最齐全、最接近于自然白光。偏离自然白光色温越远的光源，显色指数就越低。

色温对于营造室内空间氛围起着非常重要的作用。低色温的光让人感觉亲切温馨，高色温的光让人感觉清爽轻快。使用 3000 K 左右低色温的灯光，可以营造室内朦胧、轻松、温馨的氛围。但是，要注意把握色温与所处环境的基本色调之间的相互融合。

每个节能灯的包装上，一般都会标明它的输出光的颜色。国家推荐使用的节能灯发光颜色表示方法有：RR 代表日光色，RZ 代表中性白光，RL 代表冷白色，RB 代表白色，RN 代表暖白色，RD 代表白炽灯色，也有些产品用中文标示发光颜色。我们可以根据需要选择合适的光色，表 3.1 为纯三基色节能灯色温的特性及适用环境。

表 3.1 纯三基色节能灯色温的特性及适用环境

光色	色温（K）	特性	适用环境
暖色光	< 3300	暖色光与白炽灯相近，红色成分较多，能给人以温暖、健康、舒适的感受	适用于家庭住宅、宿舍、宾馆等场所或温度比较低的地方
冷白色光（中性色）	3300 ~ 5300	中性色光线柔和，使人有愉快、舒适、安详的感受	适用于商店、医院、办公室、饭店餐厅、候车室等场所
冷色光（日光色）	> 5300	光源接近自然光，有明亮的感觉，使人精力集中	适用于办公室、会议室、教室、绘图室、设计室、图书馆的阅览室、展览橱窗等场所

光的照度是指由光源发出的光束（即从灯发出的光的总量）照射到被照物体单位面积上的光通量，照度单位为勒克斯（lx）。确定照度依据的是工作、生产的特点和作业对视觉的要求。具体包含三个方面：①被照对象的大小，即工作的精细程度。②对比度，即被照对象与所处环境之间的亮度差，差值越小清晰度越低，差值与对比度成正比，要想看清楚对象需要较高的照度。③照度会直接影响人的视觉准确度，越是要求精细的工作，越需要高照度。

按照《建筑照明设计标准》GB 50034—2013 规定，客房、卧室、酒吧等空间色温宜小于 3300 K，空间平均照度不能低于 100 lx，如果照度不够，则会让人感觉光线又黄又暗，使人发困。相反，如果照度过高，则会使人感觉燥热、不安。所以，选择合适的灯具功率尤为重要。

2）亮度的把握

光的亮度是指发光体（或反光体）表面发出（或反射出）的光的强弱的物理量，单位是坎德拉/平方米（cd/m^2）。亮度具有“黑限”和“亮限”两个范围，视觉上的眩光正是后者的具体表现，而介于两者之间范围内的亮度就是我们正常能接受的舒适亮度。

光的亮度设计是整个光环境设计过程中的重要环节，需与光的照度设计同时进行。在同样的照度条件下，被照物体的表面会因其材质对光的反射比不同而造成亮度的不同。装饰材料的明度越高，越容易反射光线，明度越低，则越吸收光线。

在同样的光源情况下，不同配色方案的选择，会对空间的亮度产生较大的影响。如果房间的墙面、顶面选用较深的颜色，就需要选择照度较高的光源，才能保证整个空间的明亮程度。另外，室内空间的亮度受室内装饰材料反射强度的影响。营造舒适的光环境，需要注意参照室内常用装饰材料的反射强度（表 3.2）。

表 3.2 室内常用装饰材料的反射强度

材质	反射强度（%）
白色墙面	60 ~ 80
红砖	10 ~ 30
水泥	25 ~ 40
白色木料	50 ~ 60
白色布料	50 ~ 70
黑色（布料、橡胶）	2 ~ 4
中性色漆面	40 ~ 60
金属表面	130 ~ 150
不锈钢	200
不透明白色塑料	87

在家居环境中，墙面的最佳亮度值为 50 ~ 150 cd/m^2，顶棚的最佳亮度值为 100 ~ 300 cd/m^2，工作区的最佳亮度值为 100 ~ 400 cd/m^2，梳妆区的最佳人脸亮度值为 250 cd/m^2，需要注意的是易产生眩光的亮度值为 2000 cd/m^2。以客厅空间的照明为例，在进行合理的照度设计之后，亮度设计将对整个光环境做必要的补充和调节，使各类灯饰与墙面、吊顶及家具之间相互作用，从而达到个性舒适的照明效果（图 3.12）。

图 3.12

3）立体的表现

照明的目的在于使人能够看清楚室内的物体及色彩。合理地布置光源，调整好光照角度，创造出一个合理的光环境，使人能够更加清晰、舒适地看清室内的结构、人的特征、物体的形状等，有利于人对室内情况的

图 3.12　客厅中令人舒适的照明

正确判断（图 3.13）。如果光源来自一个方向，就会出现有秩序的阴影，这种阴影可以形成强烈的立体感，但若光源的方向过于单一，就会产生强烈的明暗对比和生硬的阴影，令人感觉不适。如果光源的方向过于分散，物体各个面的照度相近，立体感就会减弱。要想得到合适的立体感，就要控制照度比，当垂直面上的照度与水平表面上的照度比最小为 1 ： 4 时，可以得到合适的立体感。

4）眩光的控制

眩光，是指视野内出现过高亮度或过大的亮度对比所造成的视觉不适或视力降低的现象。眩光的形式有两种，即直射眩光和反射眩光。由高亮度的光源直接进入人眼所引起的眩光，称为“直接眩光”（图 3.14）；光通过光泽表面的反射进入人眼所引起的眩光，称为“反射眩光”。根据其产生的原因，可采取以下办法来避免眩光现象的发生。

①可采用磨砂玻璃或乳白玻璃的灯具，来限制光源亮度或降低灯具表面亮度。也可采用透光的漫射材料将光源遮蔽。

②可采用保护角较大的灯具。

③合理布置灯具位置和选择适当的悬挂高度（图 3.15）。

④适当提高环境亮度，减少亮度对比，特别是减少工作对象和它直接相邻的背景间的亮度对比。

⑤采用无光泽的材料做灯具的保护角。

图 3.13

图 3.14

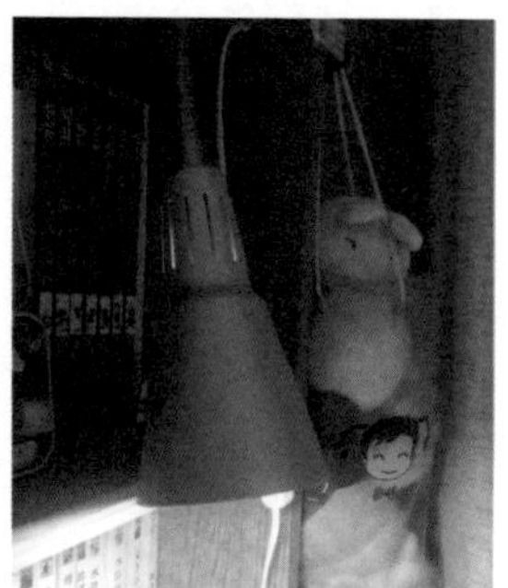

图 3.15

图 3.13　合理的光环境

图 3.14　直接眩光

图 3.15　无直接眩光

5）显色性的利用

显色性是指光源显现被照明物体颜色的性能。光源的显色性一般是用平均检测评价值 R_a 来表示，用数字进行评价。R_a 是求颜色再现性时的目标，100 是最高值。光源的种类很多，光谱特性各不相同，同一物体在不同光源的照射下，会显现出不同的颜色，这就是光源的显色性。显色性受光源的色温、照度、环境色彩、材质表面质感等的影响（图 3.16、图 3.17）。

一般来说，客厅的照明需要多样化，既要有基本的照明，又要有重点和比较有趣的照明，这样的照明效果能很好地营造出空间氛围。餐厅的照明一般选用显色性好的暖色调吊线灯，可呈现食物真实的色泽，将人们的注意力集中到餐桌，引起食欲。卧室灯具的光源光色宜选用中性的且令人放松的色调，辅以实际照明需要的灯饰，如梳妆台和衣柜需要更明亮的光以及床周围的阅读照明灯。厨房、卫生间应以功能性照明为主，选择光源显色性好的灯具。色温越低，显色指数也会越低。在低显色指数的灯光下，要看清楚物体的真实原貌，就需要较高的灯光照度来弥补显色指数的不足，可参照表 3.3 显色指数及应用来选择合适的灯具。

图 3.16

图 3.17

表 3.3 显色指数及应用

显色指数（R_a）	等级	显色性	一般应用
90 ~ 100	1A	优良	需要色彩精确对比的场所
80 ~ 89	1B	较好	需要对色彩正确判断的场所
60 ~ 79	2	普通	需要中等显色性的场所
40 ~ 59	3	对显色性的要求较低	色差较小的场所
20 ~ 39	4	较差	对显色性没有具体要求的场所

图 3.16　显色性的利用

图 3.17　照度影响下墙面色彩的变化

3.2.2 确定不同环境的灯饰照明需求

1）明确使用照明设备的目的

进行照明设计时，要确定空间环境中使用照明设备的目的。不同的功能空间对照明有不同的要求。如果是用于多功能房间，还要列出各种功能需求，以便选择满足要求的照明设备。

2）初步确定光通量分布

在照明目的明确的基础上，初步确定光环境的光通量分布。如舞厅可采用变换的、闪耀的照明来营造刺激、兴奋的氛围；教室要做到照度均匀与亮度合理，且不能有眩光，可营造出宁静、舒适的氛围。

3）确定照度

灯饰提供的照度需要达到一定程度或者具体到一定的量化标准，才能满足人们日常生活的需要。我们应根据工作、生产的特点和作业对视觉的要求，来确定相应的照度，以满足照度的要求。不同使用目的的居室功能区域，有不同照度的要求。例如：客厅所需照明照度是 150 ~ 300 lx；书房一般照度为 100 lx，但阅读时所需要的照度则是 150 ~ 300 lx。对于居室环境而言，只有保持合适的照度，才能最大限度地提高人们工作和学习的效率。在过于强烈或过于阴暗的光线照射环境下工作和学习，对眼睛都是不利的，我们应该参照表 3.4 住宅室内灯饰照明的照度标准进行设计。

表 3.4 住宅室内灯饰照明的照度标准

类别		照度标准值（lx）			备注
		低	中	高	
客厅 / 卧室	一般活动区	20	30	50	距地面 750 mm 高的平面
	床头阅读	75	100	150	距地面 750 mm 高的平面
	书写 / 阅读	150	200	300	距地面 750 mm 高的平面
	精细作业	200	300	500	距地面 750 mm 高的平面
餐厅、厨房		20	30	50	距地面 750 mm 高的平面
卫生间		10	15	20	距地面 750 mm 高的平面
楼梯间		5	10	15	地面

4）确定照明方式

进行照明设计时，需要根据室内空间功能的不同，选择适当的照明方式。常见的照明方式有：一般照明、分区的一般照明、局部照明和混合照明。

一般照明指全室内基本一致的照明，多用在办公室等场所（图 3.18）。其优点是：即使室内工作布置有变化，也不需要变更灯具的种类与布置；照明设备的种类较少，可营造均匀的光环境。

分区的一般照明是将工作对象和工作场所按功能来布置照明的方式。用这种方式照明所用的设备，也可兼作房间的一般照明。分区的一般照明的优点是：工作场所的利用率高，由于灯具的位置可变，能避免产生使人心烦的阴影和眩光。

局部照明是在小范围内对特定对象采用强调照明的方式。局部照明具有灵活性、突出局部等优点（图 3.19）。

混合照明是对整个房间采取一般照明，而对工作面或需要突出的物品采用局部照明的方式。例如，办公室往往将荧光灯具用作一般照明，而在办公桌上设置台灯用作局部照明；展览馆中整个大厅是一般照明，而对展品用射灯作局部照明。

图 3.18

图 3.19

图 3.18　一般照明

图 3.19　局部照明

3.2.3 室内空间的灯饰搭配

灯饰在室内环境中起着非常重要的作用，很多时候，灯饰会成为一个空间的亮点，突显出空间的风格特色。灯饰搭配的好坏，会直接影响到空间的品质。图 3.20 中醒目的灯饰色彩，给人强烈的视觉感受。

在欧式风格的家居环境中，适合搭配水晶灯，不锈钢、镀铬、镀金等五金件制作的灯饰，以彰显雍容华贵之感；在中式风格的家居环境中，适合搭配陶瓷类带有东方元素的灯饰；在现代风格的家居环境中，适合搭配富有艺术造型的灯饰，或是用特殊的材料手工制作的个性化灯饰。

若在一个比较大的空间里，需要搭配多种灯饰，就需要考虑风格统一的问题。例如在客厅很大的情况下，需要将灯饰风格进行统一，避免各类灯饰在造型上互相冲突，影响视觉效果。即便想要做一些对比和变化，也要通过色彩或材质中的某个元素将两种灯饰统一起来。图 3.21 中大空间里的灯饰搭配，是选用相同材质的多个吊灯，在视觉上达到统一。

从整体而言，客厅要接待客人、书房要阅读、餐厅要就餐，这些情况下都需要比较明亮的灯光，也可以较为自由地选择光源；卧室的主要功能是休息，最好选用柔和的暖色光线；厨房的灯具以聚光、偏暖光为佳；卫浴间在亮度相当时选择白炽灯会比节能灯的效果要更好。

图 3.20

图 3.21

图 3.20　醒目的灯饰色彩
图 3.21　大空间里的灯饰搭配

3.3 照明设计与空间氛围营造

3.3.1 发挥空间的特点

每个空间都有着自身的特点，室内空间的类型多样，尺度有大有小，功能各有不同。如果要使室内空间整体明亮，可以选用光通量较强的筒灯或吸顶灯；如果空间比较狭窄，可以用间接照明的手法，即使光通量比较小，只是利用微弱的灯光或者利用照明灯具所产生的阴影表现空间也会营造出独特的氛围。要根据室内装修材料的表面处理工艺选择灯具，不仅要考虑光的因素，还要考虑阴影的重要表现。不同材质的表面肌理，所产生的阴影效果会影响空间氛围的表达（图 3.22）。

运用大玻璃窗照明时，可将照明灯具设置于窗户一侧，选用防眩光型和通用型灯具，可以减小光影映入窗户玻璃上的程度，避免室内灯光泄露到室外，这样可使户外的夜景更具魅力。

图 3.22

图 3.23

3.3.2 用灯饰亮度的变化营造空间氛围

在同样的空间中，用灯饰亮度的变化可以营造出不同感觉的空间氛围。营造工作环境氛围的照明，整体亮度控制在 500 ~ 750 lx，可以均匀照亮整个空间。营造色调昏暗的空间氛围时，可以把灯光分散，利用明暗分布的节奏变化营造空间氛围。在确保基础照明亮度的前提下，用点光源分散照射于顶棚、墙面和地面，可以增强空间的进深感，空间的重心也不会显得过于低沉（图 3.23）。

图 3.22　粗糙材质形成的斑驳阴影

图 3.23　筒灯与吊灯的搭配使用

3.3.3 用间接照明的手法营造空间氛围

间接照明，就是将光源尽可能地隐藏起来，通过墙面或其他材料反射光线照亮空间的一种照明方式（图 3.24）。间接照明可以让室内空间的光线变得柔和而富有诗意，能够很好地营造空间氛围。间接照明的灯饰除了与墙面、吊顶等结合设计外，还可以与室内的家具以及陈设品进行功能的结合，或者作为具有装饰效果的摆件而独立存在。不同类型的间接照明手法，在空间环境中结合使用，可以营造出具有表现力的空间氛围。

3.3.4 用不同的光色营造空间氛围

光色的使用对空间氛围的营造起着重要的作用。人眼会以基本光色为基准确定色彩的感觉。用相同的光色照射的对象处于相同的光的色阶中，颜色会显得自然。用不同的光色照射物体，由于基准光色显现的不同，便会给人不一样的感觉。设计师可以通过光色来划分空间区域，营造出不同的空间氛围。

一般而言，3000 K 左右的白炽灯泡的光色会使材料显得温和，并且突显红色系的色调。超过 4200 K 的白色光会使材料有冷酷刚硬的感觉。红色成分较多的木材和暖色系的石材，适合用温暖的光色进行搭配（图 3.25）。透明水晶、玻璃、金属、混凝土，

图 3.24

图 3.25

图 3.24 间接照明

图 3.25 温暖的光色

一般用白色光衬托其材料的质感。对于整个空间而言，整体色调的平衡是非常重要的，需要确定基础光色。空间中占比例较大的材料会成为空间的基础光色，从而影响整体的空间氛围。

3.3.5 用阴影效果营造空间氛围

在室内空间中，光与影是相辅相成的。阴影的效果可以影响空间氛围。好的阴影控制，可以提升空间整体氛围的品质。在进行灯饰设计时，需要考虑光线透过灯饰表面所形成的阴影效果。光线被遮挡后，会在墙面或地面上形成各种形状的影子。灯饰设计师可以通过对灯饰表面透光与漏光部分形态的把握，来控制影子的形状（图 3.26），从而让影子变得生动有趣，为更好地营造空间氛围服务。图 3.27 是展览中的布光，光与影的结合很好地烘托了空间氛围。

图 3.26

图 3.27

图 3.26　影子的形状

图 3.27　展览中的布光

3.3.6 用控制照射范围营造空间氛围

控制光的照射范围（图 3.28），可以让光集中照射到某一区域，从而形成特殊的空间氛围。使用卤素灯、陶瓷金卤灯（CDM）、LED 发光面比较小的光源，可以比较好地控制光的照射范围。图 3.29 示意光的照射范围，是通过控制光源的照射方向所营造的空间氛围。

对于灯饰而言，灯罩是比较好的控制照射范围的界面，但要想达到更高的精度，就要用到透镜和遮光板。遮光板跟格栅一样，数量越多控制的精密程度也就越高，这是因为通过格栅边缘的反射光线受到了阻隔。将遮光板设置在透镜的前方，利用透镜投影遮光板的开口形状，灯光照射范围的形状就会改变，改变遮光板的开口形状就能够创造出多种形状的灯光。

图 3.28

图 3.29

图 3.28 控制光的照射范围
图 3.29 光的照射范围

4

创意灯饰设计

○ 灯饰设计的构思方法

○ 灯饰设计的原则

○ 灯饰设计的程序

○ 灯饰设计的案例

4.1 灯饰设计的构思方法

设计是应用性极强的一门学科。现代设计经历了 100 多年的发展，设计理论也得到了巨大的进步，设计的构思方法也越来越丰富多样。我们可以结合生活中所得到的经验及各方面获得的综合知识加以灵活运用，进行创意，设计出具有鲜明特色的灯饰作品。

4.1.1 思维导图法

思维导图由英国学者东尼 · 博赞创建。思维导图又叫心智图，是表达发散型思维的有效图形思维工具。它运用图文并重的技巧，把各级主题的关系用相互隶属与相关的层级图表现出来，把主题关键词与图像、颜色等建立记忆链接（图 4.1），充分运用左右脑的机能，利用记忆、阅读、思维的规律，协助人们在科学与艺术、逻辑与想象之间平衡发展，从而开启人类大脑的无限潜能。

思维导图是一种革命性的学习工具，它的核心思想就是把形象思维与抽象思维很好地结合起来，将思维痕迹用图画和线条的方式表达出来，激发大脑的潜能。近些年，在设计学科基础课程教学中，思维导图常被用作打开思维的训练，是非常实用且有效的思维训练方法。学会利用思维导图，可以帮助我们更好地进行创意设计。

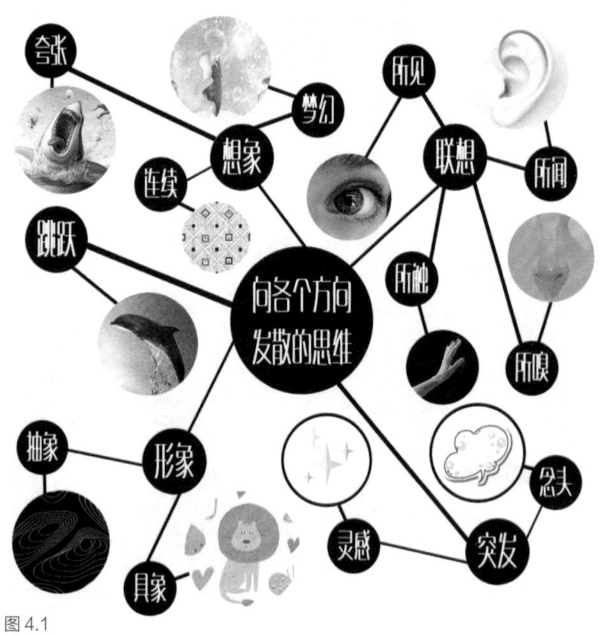

图 4.1

图 4.1　思维导图

4.1.2 形象转换法

形象转换法，即把已经存在的形象或是文字中描述的形象转换成灯饰的形态。此种方法的运用经常可以达到出其不意的视觉效果。图 4.2 所示的灭火器地灯是用废弃的灭火器制作的，将废弃的灭火器用角磨机切割出富有寓意的造型，再将灯泡隐藏其中，电线巧妙地从灭火器喷嘴中穿出，保证了灭火器形态的完整性。灭火器的色彩鲜艳、醒目、突出，给人以强烈的视觉冲击力，再加上灯光效果，给人留下深刻的印象。

4.1.3 功能拓展法

照明功能是灯饰的基本功能。除此之外，灯饰的审美功能也尤为重要。功能的拓展为灯饰创意设计提供了新的思路。比如，在满足灯饰基本照明及审美功能的同时，可将灯饰与家具或室内软装进行功能性的结合，让人产生眼前一亮的感觉。图 4.3 所示的画框灯是一款以绘画形式呈现的壁灯，将装饰功能与照明功能进行了有机的结合。

图 4.2

图 4.3

图 4.2　灭火器地灯
图 4.3　画框灯

4.1.4 感觉体验法

一个人就是一套努力认知世界的感觉系统。人大脑中生成的图像是通过多个感觉刺激和重生的记忆复合的景象。人的感觉包括视觉、听觉、触觉、嗅觉和味觉。不同的物品给人以不同的感觉体验。

设计不仅跟颜色和形式有关，研究人们如何感受颜色和形式，或研究感觉，是设计的一项关键课题。而观察人如何感受物体，将给设计带来新的方向。进行灯饰设计时，除了关注颜色、形状和材质外，还要观察人们如何感觉以及如何令受众感觉。注重人的感觉体验，可以让设计作品拉近与人的距离。

图 4.4 所示的 Helios Touch 灯是由英国 Dyena 公司设计的触控式模块化 LED 照明系统，将六边形的 LED 灯模块通过磁力吸附的方式拼接在一起，可以作为墙面灯使用。这款产品采用触控式点亮熄灭操作，用手轻扫灯面，可以点亮或熄灭灯具。另外，还可以供使用者自由发挥，将六边形模块拼出有趣的图形（图 4.5）。

图 4.4

图 4.5

图 4.4　触控式模块化 LED 照明系统

图 4.5　有趣的图形

4.1.5 情感化表达法

情感是人对外界事物作用于自身的一种生理反应，是由需求和期望决定的，当这种需求和期望得到满足后，会产生愉悦的体验，反之会感到苦恼。而情感化设计，就是要使灯饰满足受众者的情感需求，引起消费者情感上的共鸣，通过营造安静、欣喜、温暖等情境去感动受众。图 4.6 所示为快递包裹灯。快递包装已成为现代人生活中的常见物品，它承载着人们生活的需求与满足，打开后所透出的温暖的光更是一种情感的寄托（图 4.7）。

图 4.6

图 4.7

图 4.6　快递包裹灯
图 4.7　透出温暖的光

4.1.6 运用语义法

在文学创作中，运用修辞手法能使语言更加生动和丰富。同样，在灯饰设计中运用修辞手法，也能使设计出来的灯饰更加打动人心。设计师可以借用各种修辞手法，对灯饰依据不同的语境进行多方位的诠释与表达，以满足消费群体的多样化需求。设计中常用的修辞手法有隐喻、比拟等。图 4.8 所示的是枯木神鱼灯，运用枯木神鱼的典故，在木料上挖槽，埋入 LED 灯带，填入树脂，营造出枯木中的一汪清泉。图 4.9 所示表现了金鱼逆流而上的生动画面。

隐喻一词在希腊文中的意思是“意义的转换”，如果要给它下个定义的话，可以说：隐喻是人们在彼类事物的暗示下感知、体验、想象和理解此类事物的心理行为、语言行为和文化行为。隐喻由三个因素组成：彼类事物、此类事物和两者之间的联系，由此产生出一个派生物：由两类事物的联系而创造出来的新意义。

比拟是一种常用的修辞手法。比拟是物的人化或人的物化或把甲物拟作乙物，具有思想的跳跃性，能使观者展开想象的翅膀，捕捉它的意境，体味它的深意。设计师可以运用比拟所蕴含的强烈的感情色彩，来引发观者的共鸣，从而给人留下深刻的印象。

图 4.8

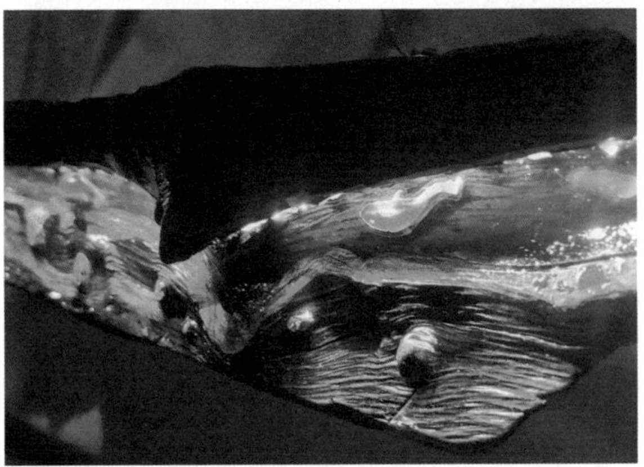

图 4.9

图 4.8 枯木神鱼灯

图 4.9 金鱼逆流而上

4.1.7 逆向思维法

逆向思维也叫求异思维，它是对司空见惯的似乎已成定论的事物或观点反过来思考的一种思维方式。逆向性思维在各种领域、各种活动中都有适用性。由于对立统一规律是普遍适用的，而对立统一的形式又是多种多样的，有一种对立统一的形式，相应地就有一种逆向思维的角度。逆向思维有多种形式，如性质上对立两极的转换：软与硬、高与低等。结构、位置上的互换、颠倒：上与下、左与右等。过程上的逆转：气态变液态或液态变气态、电场转为磁场或磁场转为电场等。逆向思维的方法能够克服思维定式，破除由经验和习惯造成的僵化的认识模式。逆向思维可以帮助设计师拓展思路，打破思维习惯的束缚，克服思维定式的障碍，得到新颖的设计思路。

图 4.10 中由设计师卓耿斯·莫提卡（Dragos Motica）设计的这款名为“/”的吊灯，类似筒灯，第一眼看去形态简洁、平淡无奇，软木材质与混凝土材质的结合朴素、自然。混凝土材质的灯罩不具透光性，设计的创意点在于让使用者参与其中，去砸烂它！设计师特意为“/”Lamp 配备了一块石头（图 4.11），用来砸灯罩（图 4.12）。不同的使用者会砸出不同的形态，形成灯饰外观虚与实的强烈对比，使得灯饰的视觉效果更加突出（图 4.13）。

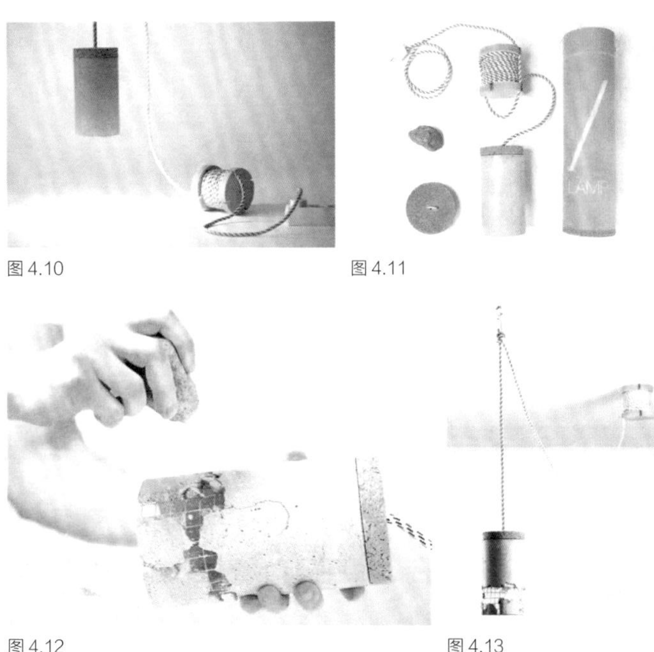

图 4.10

图 4.11

图 4.12

图 4.13

图 4.10 “/”吊灯
图 4.11 配置图
图 4.12 砸灯罩
图 4.13 砸后的效果

4.1.8 “动手思考”法

进行设计构思的过程中，没有好的想法是一种常态，对于经验丰富的设计师也是如此。在这种情况下就可以运用“动手思考”法进行构思。“动手思考”就是运用自己手头已有的材料及掌握的各种加工手段，对材料进行解构、破坏、重组等操作，在动手制作的过程中，体悟材料的表情、温度、质感、肌理等，从中寻找到设计的切入点。图 4.14 是采用手工纸制作的一款台灯，先将手工纸附着在铁丝网上，然后用火烧的方式得到丰富的肌理（图 4.15），更好地体现了怀旧的感觉。

图 4.14

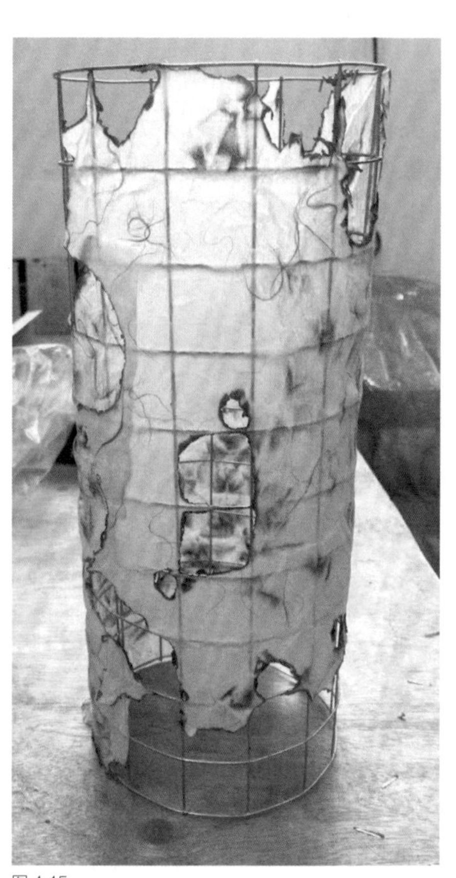

图 4.15

图 4.14　手工纸台灯
图 4.15　火烧的肌理

4.2 灯饰设计的原则

4.2.1 满足功能原则

使用功能是进行灯饰设计时需要满足的最基本的要求。良好的使用功能会体现出灯饰设计的真正价值，照明质量及灯饰形态的美感是良好使用功能的衡量指标。设计师需要根据灯饰在不同功能空间中的用途来进行与空间风格相匹配的设计构思，并尽可能地根据空间的使用功能达到照明质量的要求。比如在客厅中可设计照度明亮、形态突出的灯饰（图 4.16）；卧室可设计照度柔和、让人感觉温馨舒适的灯饰。

图 4.16

4.2.2 安全舒适原则

安全舒适原则是灯饰设计的首要原则。离开了安全，灯饰设计将变得毫无意义。在进行灯饰设计时，要选择符合国家标准的电料及电光源产品，并应考虑电路连接的方式及可靠性等实际操作环节中的安全问题。灯饰材料的选择要注意材料的使用与灯饰的关系，如灯罩选用纸类等易燃材料时，要注意灯罩的大小、散热及灯罩离电光源的距离；选用金属材质与电线结合，需要做好绝缘处理，防止漏电；在光源散热量高的灯具上需要设计通风散热孔（图 4.17）。

图 4.17

图 4.16　客厅的照明

图 4.17　通风散热孔

4.2.3 节能环保原则

在进行任何门类的设计时，都需要遵循节能环保原则，大到整个城市的设计，小到生活日用品的设计。日常生活正常运转需要消耗大量的能源，而人类生活的环境，能源并不是取之不尽的，节约能源、保护环境是人类生存需要面对的重大课题。在进行灯饰设计时，要尽可能地选用节能灯具，合理地布置空间的照度，避免布光过度，并选用环保型材料进行灯饰的制作。

4.2.4 艺术性原则

设计师在确保灯饰正常使用功能的前提下，要尽可能地使灯饰具有较强的艺术性，合理地搭配材料，把握好灯饰的色彩效果，注意灯饰形态的比例关系等。要注意协调灯饰与室内整体设计风格的关系，满足现代人对灯饰的审美需求。图 4.18 所示为梵丹戈吊灯，灵感来自弗拉门戈舞。

图 4.18

图 4.18　梵丹戈吊灯

4.2.5 趣味性原则

趣味性是灯饰设计能够成功吸引受众注意力的重要因素。在进行灯饰设计时，要尽可能地加强灯饰形态的趣味性。图 4.19 所示是变色小夜灯，造型可爱，以硅胶材质制作，具有良好的触摸感，轻轻拍打可以变换多种色彩。

4.2.6 人性化设计原则

人性化设计是指在进行设计时，要充分考虑人的行为习惯、生理结构、心理情况、思维方式等因素，对设计进行功能性的优化，以得到理想的使用效果。设计是为人服务的，人性化设计是在设计中对人的心理、生理需求和精神追求的尊重和满足，是设计中的人文关怀，是对人性的尊重。图 4.20 中的 Helios Touch 灯采用触控式点亮熄灭操作，用手轻扫灯面，可以点亮或熄灭灯具。

图 4.19

图 4.20

图 4.19　变色小夜灯
图 4.20　Helios Touch 灯

4.3 灯饰设计的程序

4.3.1 市场调研与分析

市场调研与分析是进行灯饰设计时非常必要的一个环节，市场调研可以更直观地了解到市场上已经存在的灯饰类型、构件、形态及销售情况等信息。通过分析及体验，可以发现使用过程中存在的问题，再进行具体设计时才能有针对性地解决问题。

4.3.2 灯饰设计方案的构思与推进

灯饰设计方案的构思方法有很多种，设计师可以根据个人的具体情况进行构思。构思是一个很特殊的过程，可以给设计师带来无限的快乐，也会给设计师带来巨大的困扰。构思过程中纵使会有灵光一现的感觉，但随着构思的深入，又会不断涌现出新的问题。

设计的推进就是发现问题并不断寻找办法解决问题的复杂过程。方案的推进能否顺利进行，直接影响到最终的成果。很多时候，在方案的推进过程中，设计师会根据是否有好的办法解决不断出现的新问题，而决定是否继续进行。不断地否定之前的思路，在方案设计过程中是很正常的一种现象，这些反复的过程有助于得到最终的优化方案。

4.3.3 灯饰设计方案的完善

灯饰设计方案的完善是在确定方案后进行细化设计的过程，包括设计形态的具体尺寸、各个部分的比例关系、材料的运用、材料的色彩、材料的加工工艺等，任何一个细小的问题都要尽可能地去考虑到，并绘制出详细的图纸。

4.3.4 材料试验与样品制作

灯饰设计方案完善后，根据绘制出的详细图纸以及考虑到的材料的加工工艺，准备材料及相应的加工工具，就可以进行材料试验及样品制作了。材料试验的过程可以帮助设计师更好地体验材料的属性，了解材料加工过程中可能会出现的问题。设计师亲自动手制作尤为重要，在动手的过程中随着对材料的触摸和对材料加工流程的操控，设计师的情感会自然融入材料中，给作品注入“灵魂”。在动手制作过程中，由于操作的手法及各种客观因素的不同，也会经常出现预想不到的偶然效果，这种偶然效果也会激发设计师的灵感，给作品注入活力。

4.4 灯饰设计的案例

4.4.1 保尔·汉宁森的 PH 系列灯具

丹麦著名设计师保尔 · 汉宁森是世界上第一位强调科学、人性化照明的设计师，早在 20 世纪 20 年代，他就提出了要提供一种无眩光的光线，并营造出舒适的氛围。

汉宁森设计的 PH 系列灯具（图 4.21），选用金属材质、弧面造型。PH 系列灯具的设计特征是所有光线都经过至少一次反射才到达工作面，以获得柔和、均匀的照明效果，并避免清晰的阴影；从任何角度都不能直接看到光源，以免眩光产生，刺激眼睛；对白炽灯光谱进行补偿，以获得适宜的光色；减弱灯罩边沿的亮度，并允许部分光线溢出，避免室内照明的反差过强。这类灯具具有极高的美学价值，而且因为它遵从了科学的照明原理，而不含任何多余的附加装饰，因而使用效果非常好，是科学与艺术的完美结合（图 4.22）。

图 4.21

图 4.22

图 4.21　汉宁森与 PH 系列灯具

图 4.22　PH 吊灯

4.4.2 威廉·华根菲尔德经典之作

1924 年，德国设计师威廉 · 华根菲尔德（Wilhelm Wagenfeld）秉承“少即是多”的理念，设计出著名的镀铬钢管台灯（图 4.23），是灯饰设计的经典之作，迄今近百年仍有生产。镀铬钢管台灯是包豪斯风格的典型代表，在包豪斯学院的金属车间创作完成，拥有乳白色的透明玻璃罩（图 4.24），金属质地的支架，即使是现在的台灯仍然可以看到它的影子。此外，影响深远的作品还有这盏被纽约现代艺术博物馆（MoMA）永久收藏的台灯（图 4.25），球形灯罩，开关放在可见处，同时拥有简洁的造型，便于工业化大规模生产。

图 4.23　　图 4.24

图 4.25

图 4.23　镀铬钢管台灯

图 4.24　玻璃罩

图 4.25　MoMA 收藏的台灯

4.4.3 艾科落地灯

艾科落地灯（Arco Lamp）是20世纪60年代的象征性家居用品之一。整个灯的设计是由三个部分构成：巨大的长方形大理石底座、一个2.5米长的不锈钢弧形“脖子”、一个朝下照射的碗形的金属灯罩（图4.26）。金属灯罩的上部有许多小孔（图4.27），开灯的时候，光线穿越这些小孔照射到天花板上，形成一片星星点点的光斑。这使得一个灯罩有两种不同的照明方式：灯光朝下的直接照明，灯光朝上穿过小孔形成的气氛照明。灯具的尺度也使得这种照明有种奇特感。

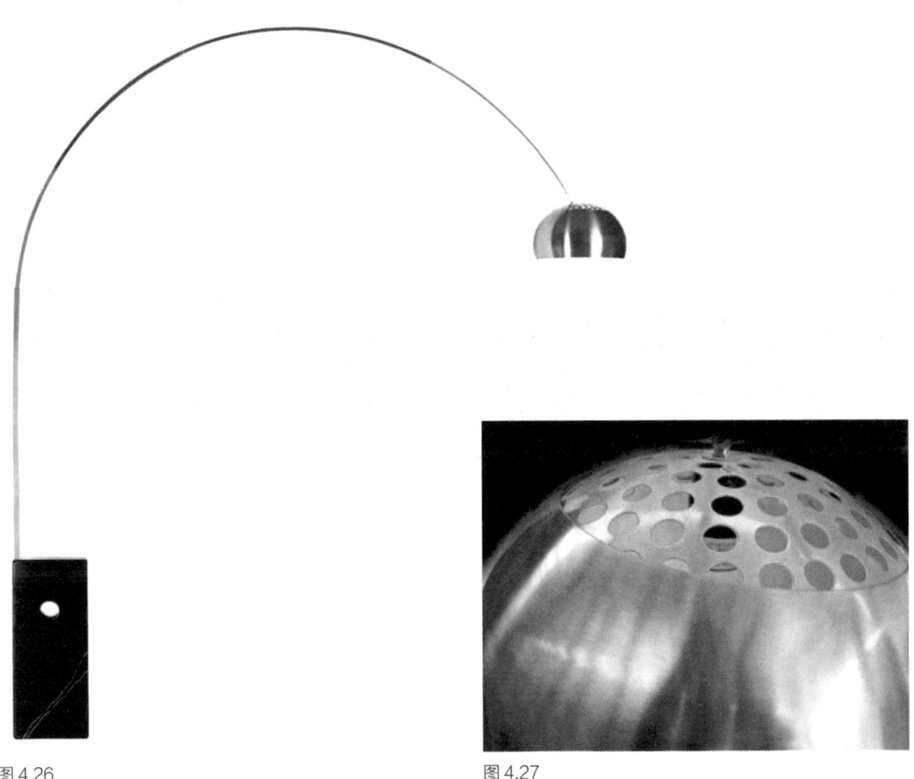

图4.26

图4.27

图4.26　艾科落地灯

图4.27　灯罩气孔

4.4.4 日食台灯

日食台灯（Eclipse）诞生于 1967 年，由维克·马吉斯特拉蒂（Vico Magistretti）设计，获得了当年的金罗盘奖。日食台灯由内外两个灯罩构成（图 4.28），与穿着宇航服的宇航员颇有几分相像。可以手动旋转内侧灯罩，照射效果也会随之改变（图 4.29）。直射与散射的叠加，会产生一种朦胧的光线效果，当内侧灯罩完全旋转到背对开口时，台灯的灯光就会呈现像日环食一样的奇妙景象。简约圆润的造型与明艳的金属喷漆，让日食台灯在经历了 50 多年的岁月洗礼后，仍具有极强的设计感，成为灯饰设计的经典之作。

图 4.28

图 4.29

图 4.28　内外灯罩

图 4.29　旋转内侧灯罩

4.4.5 Tizio 平衡台灯

Tizio平衡台灯(图4.30)诞生于1972年，由设计师理查德·萨帕(Richard Sapper)设计。在它诞生多年后的今天，“Tizio”仍然是“意大利制造”的标志。虽然它的名字是泛指一个人(如同张三、李四)，但也许正因为它因时因地的适应性，让它走遍全球。除了丰富的象征意义(有人觉得它像水鸟，有人觉得它是一个微型油泵)，它运动方式的非凡功能也让人惊叹底座平行的转动，第一和第二接头处的垂直转动，灯罩的垂直转动。Tizio平衡台灯因有一个衡重系统，而能在任何地方保持平衡(图4.31)。

图4.30

图4.31

图4.30　Tizio 平衡台灯
图4.31　可变的形态

4.4.6 深泽直人雅典娜落地灯

日本设计师深泽直人曾为多家知名公司设计过产品，其设计在欧洲和美国曾获得五十多项大奖，其中包括美国工业设计优秀奖（IDEA）金奖，德国 iF 设计金奖、“红点”设计奖，英国设计与艺术指导（D&AD）铅笔奖，日本优秀设计奖。

“无意识设计”（Without Thought）又称为“直觉设计”，是深泽直人首次提出的一种设计理念，即“将无意识的行动转化为可见之物”。“无意识”并不是真的没有意识去参与，而是人们知道自己需要某些东西，但还没意识到到底想要什么而已，而深泽关注的，正是人们所忽略的有关“无意识”的种种生活细节。

深泽直人设计的雅典娜（Athena）落地灯（图 4.32）具有极强的对称美学，完全相同的圆盘由细小的铁杆连接，顶部的灯发出散射的光线（图 4.33），表现出灯具整体的简洁与美感。这款造型极简的落地灯似乎象征着永恒。

图 4.32

图 4.33

图 4.32 雅典娜落地灯
图 4.33 顶部的灯

4.4.7 Dawn to Dusk 灯

Dawn to Dusk 灯的设计获得 2019 年红点设计概念奖，由英国设计师纳撒尼尔 · 亨特（Nathanael Hunt）、托马斯 · 特纳（Thomas Turner）设计。Dawn to Dusk 创建了完整的照明场景，其形状呈现出令人印象深刻的标志性剪影。该照明设备可用作台灯或落地灯（图 4.34），并具有即时照明功能，可实现直观的灯光切换，Dawn to Dusk 灯的设计灵感来自冉冉升起的太阳，灯头可以360° 旋转，光线可以从白色渐变到红色。在光从黎明到黄昏变换的过程中，我们可以深入了解色温对人体昼夜节律的重要性。图 4.35 为模仿日光的自然进程。

图 4.34

图 4.35

图 4.34　台灯或落地灯

图 4.35　模仿日光的自然进程

4.4.8 英戈·莫瑞尔设计的灯

德国照明设计大师英戈 · 莫瑞尔（Ingo Maurer）设计的名为“Lucellino”的灯具（图 4.36），是他最著名的代表作之一，设计于 1992 年，“Lucellino”是由两个意大利单词“luce”（光）和“uccellino”（小鸟）组合而成。它就像一个发光的小鸟，非常可爱。

图 4.37 中的 Porca Miseria 灯是英戈最具代表性之一的作品之一，同样也是限量生产的定制款，全程手工制作。英戈将瓷器摔碎，再重新组合成灯饰，以表现一种惊人的动态。与此同时，光线以一种不可预测的方式反射溢出。

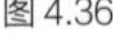
图 4.36

图 4.37

图 4.36 Lucellino 灯
图 4.37 Porca Miseria 灯

5
灯饰设计实践

○ 设计构思与方案推进
○ 材料试验与制作工艺
○ 实例制作全过程

5.1 设计构思与方案推进

5.1.1 明确设计目的

在进行灯饰设计时，明确设计目的是首先要解决的问题。只有设计目的明确了才能进行有效的设计构思。为谁而设计，满足怎样的功能需求，放置于何种类型的空间使用等，都是首先要明确的内容。受众者的文化背景、审美情趣等都是进行设计构思的依据。要明确设计的灯饰是吊灯、壁灯还是台灯，作辅助照明、一般照明还是局部照明使用，图 5.1 中是作为局部照明使用的一款组合灯饰，可起到装点环境、烘托氛围的作用。

5.1.2 选择适宜的构思方法

前面章节列举的构思方法多种多样，对于设计师来讲，构思方法并不是固定不变的，可根据自己的设计目的及设计习惯等因素选择适宜的构思方法。

图 5.1

图 5.1　组合灯饰

5.1.3 方案推进

设计构思确立后，如何更有效地进行方案推进，决定着设计目的是否能最终达到。方案推进需要设计师根据自身的生活经验及方方面面可能会碰到的问题进行展开，把方案的各个部分具体化。比如，计划选用什么类型的材料，需要用到何种加工工艺，细节部分怎么处理等，都影响着最终效果的呈现。

5.1.4 方案完善

在方案推进的基础上，面对制作过程中可能会出现的问题，寻找极优的解决办法，力求把各个细节都充分考虑到。细节的处理要有利于整体设计效果的表达，合理地利用制作过程中可能会出现的加工痕迹（图 5.2）。如铝板加工过程中表面会出现划痕，焊接过程中会留下焊剂的痕迹，可以用砂纸打磨，处理成磨砂效果。适当地保留制作痕迹，可以让表面效果更具有质感。

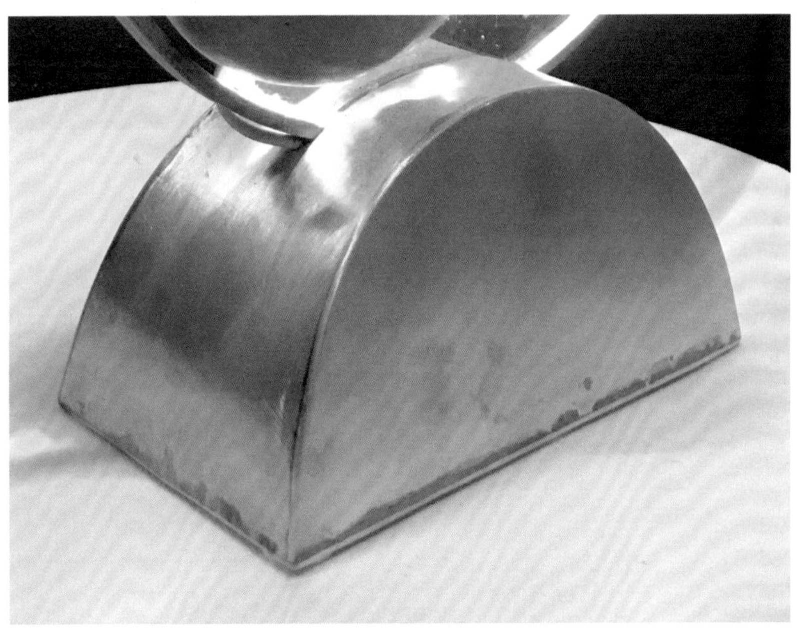

图 5.2

图 5.2　加工痕迹

5.2 材料试验与制作工艺

材料试验在灯饰制作过程中有着极其重要的意义，关系到材料最终的选用、灯饰照明功能的满足及效果的视觉呈现。注重手作的设计师可以在材料试验的过程中，敏锐地发现并合理地利用材料独特的属性，从而得到更有质感的效果表达。

手作灯饰常用的材料有：金属材料、纤维材料（包括纸质材料、纺织材料等）、模具材料（石膏、混凝土、硅胶等）、木质材料、塑料等（图 5.3）。每一种材料都有其独特的物理属性及加工工艺，可以用来制作灯饰的主体或不同部件（图 5.4）。这就要求设计师尽可能地了解多种材料的物理属性及加工工艺，以及制作过程中可能会出现的特殊效果，以达到设计效果的完美呈现。

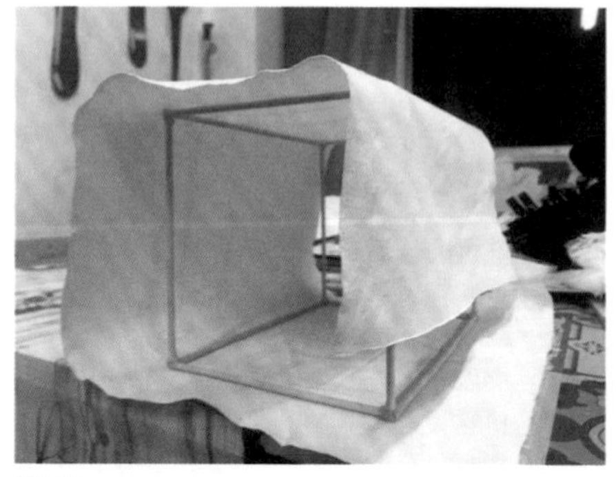

图 5.3

图 5.4

5.2.1 金属材料

金属材料是指具有光泽、延展性、容易导电、传热等性质的材料。按照冶金工业的专业划分为：黑色金属（铁、铬、锰）和有色金属（铜系金属、铝、锡等）。金属材料通常可制成线、棒、条、管、板、原坯等形状（图 5.5）。

图 5.5

图 5.3　木框架与纺织材料
图 5.4　灯饰的主体
图 5.5　银料

1）金属材料的特性

不同类型的金属，具有不同的特性。

①物理特性：通常情况下，金属在高温下熔化，受热膨胀，具有导电和导热的性能，有光泽及磁性。

②化学特性：与其他物质发生化学反应时，表面的色彩会发生改变，图 5.6 所示就是用 84 消毒液做旧的银制品表面。

③机械特性：耐拉伸、可弯曲、可剪切，具有延展性，通常较坚硬。

2）金属材料的加工手段

①切割：当方案确定选用金属材料后，需要对原材料按所需尺寸进行切割。金属材料的切割工艺很多，主要有机械切割和熔化切割两种类型，我们可以根据需要进行选择。常用的工具和设备有：手工锯、金属剪刀、电剪刀、空气等离子切割机等（图 5.7）。

②焊接：焊接是一种通过加热或加压两者并用来永久性连接金属材料的工艺方法。应用最广泛的焊接方法是熔焊，如气焊、电焊等（图 5.8）。金属的焊接处表面会留下焊接的痕迹，我们可以对其进行有效处理并合理利用（图 5.9）。

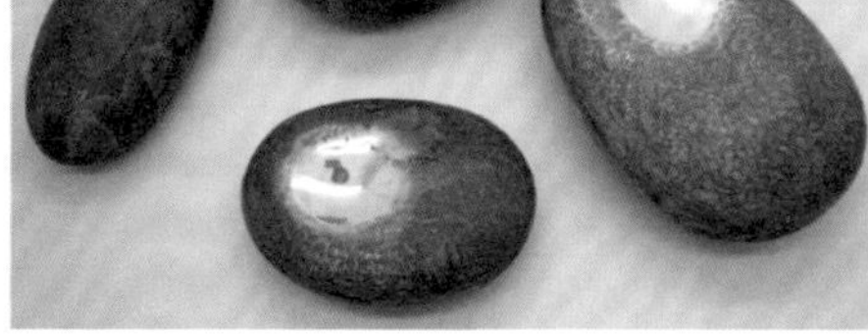

图 5.6

图 5.7

图 5.8

图 5.9

图 5.6　用“84”消毒液做旧的银制品表面

图 5.7　切割工具

图 5.8　电焊

图 5.9　银饰盒

③锻造：多种金属都可以通过不同的锻造工艺来改变形态。锻造前最好先对金属原料进行软化退火，然后根据需要进行锻造，锻造到一定程度，金属会硬化，需要再次软化退火，以便于继续锻造。此过程可重复多次，直到达到理想的效果。白银、紫铜、黄铜等较软的金属常用錾刻的手法进行锻造（图5.10）。

④铸造：铸造是首先制造铸型和铸芯，再将熔炼出来的金属液体注入铸型之中，经过冷却凝固，获得铸件的工艺方法，是一种重要的金属加工工艺铸造工艺可用于大批量的机械化生产，可以呈现丰富的细节（图5.11）。

⑤铆接：利用铆钉和铆枪将金属部件连接起来的工艺。铆接工艺比较容易操作，确定需要铆接的两块金属板上的铆接位置并钻孔，选择适合铆孔大小的铆钉，用铆枪进行铆接（图5.12）。铆钉的排列可以形成强烈的秩序感（图5.13）。

图5.10

图5.11

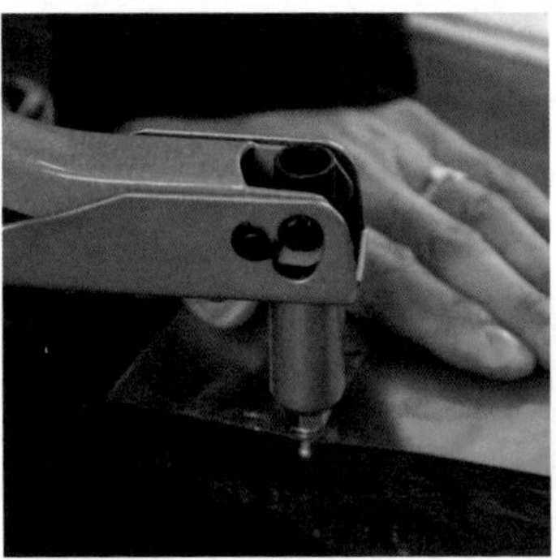
图5.12

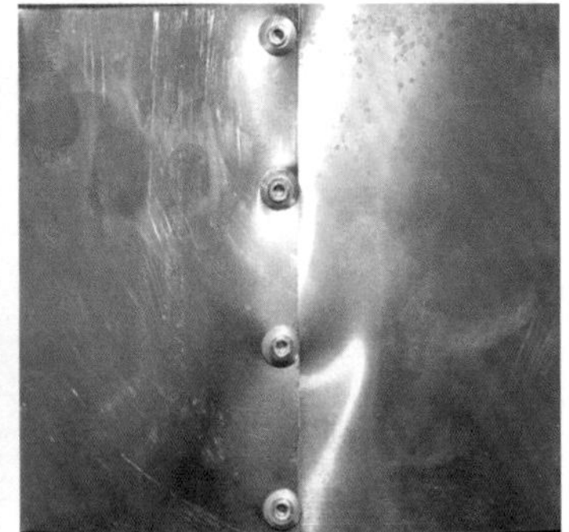
图5.13

图5.10　錾刻
图5.11　铸造件
图5.12　铆接
图5.13　秩序感

⑥编织：是利用金属条或金属丝通过交叉编织来塑造形态的一种工艺。通过有序或是无序的方法进行编织可以得到不同的视觉效果（图 5.14）。

⑦表面效果处理：无论采取何种加工工艺，在加工金属的过程中都会留下一些加工的痕迹。金属表面效果的处理影响着最终的视觉呈现，我们可以通过对肌理的控制利用、加工痕迹的控制、表面着色等，来达到理想的效果。比如，金属在錾刻过程中所选用的簪子形状、錾刻的力度、锤痕（图 5.15）；在焊接过程中留下的焊痕及可能出现的偶然效果，图 5.16 就是银焊药偶然留下的黑色痕迹；对金属的切割、镂空、打磨、抛光、着色等都会留下加工的痕迹及丰富的肌理。只要进行合理地利用，就能达到良好的视觉效果。

图 5.14

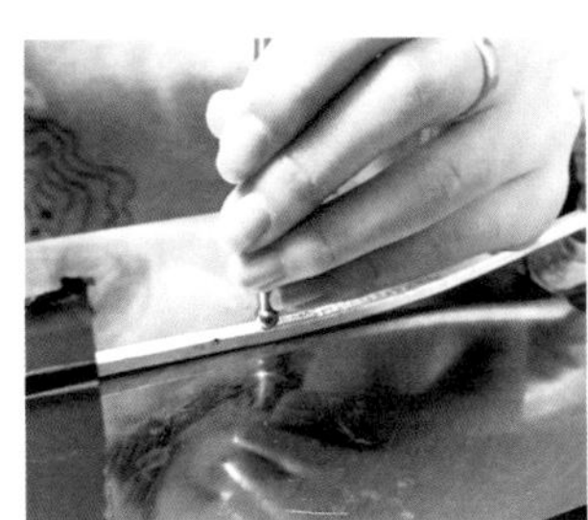
图 5.15

图 5.16

图 5.14　银饰编织
图 5.15　锤痕
图 5.16　银焊药偶然留下的黑色痕迹

3）金属材料与其他材料的结合

金属材料可以与其他多种材料结合，产生强烈的材质与肌理的对比，带给人丰富的视觉体验，图 5.17 就是一款金属灯架与绿植结合的台灯。常见的金属与其他材料的结合有：与木质材料结合、与布艺结合、与塑料结合、与混凝土结合等（图 5.18）。

4）金属材料在灯饰中的运用

由于金属材料的种种优良特性，在灯饰设计中被广泛运用，常用作灯饰的底座、支架、灯罩、主体等，图 5.19 是一款造型简洁的金属壁灯。

图 5.17

图 5.18

图 5.19

图 5.17　绿植台灯
图 5.18　金属与混凝土结合
图 5.19　金属壁灯

5.2.2 纤维材料

纤维材料是灯饰设计中常见的一类材料，具有较好的透光性，常用作灯罩，可带来柔和的光线。材料肌理的变化及表面的处理可以增强灯饰作品的艺术性表达。纤维材料包括纸质材料、纺织材料等。

1）纤维材料的特性

（1）纸质材料

纸质材料的种类繁多，根据不同的用途（清洁、书写、装饰、绘画等），可分为卫生纸、打印纸、宣纸、卡纸等多种类别（图5.20）。纸质材料由于制作工艺和原材料属性等原因，具有轻薄、易燃、易皱、怕水、两面性等特点，厚度不同，其透光度也不同。

（2）纺织材料

布是纤维制品的主要种类，是纺织品的基本形式。纺织品按生产方式的不同，可广义地分为纱线类、带类、绳类、机织物、针织物、编织物和非织造布等门类（图5.21）。纺织材料具有吸湿性强、柔软、易皱、易燃等特点。

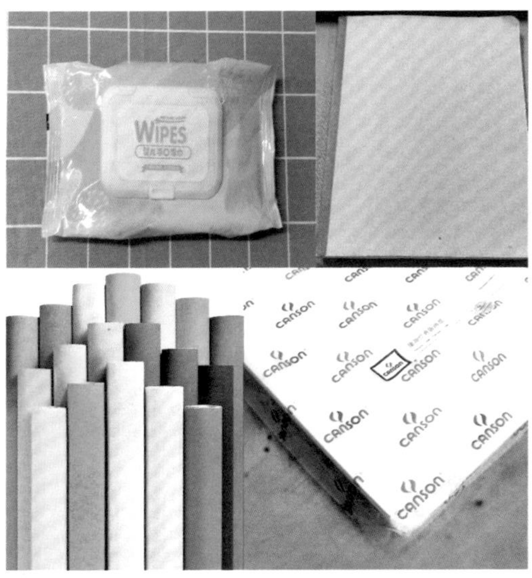

图5.20

图5.21

图5.20　纸质材料

图5.21　纺织材料

2）纤维材料的加工手段

（1）纸质材料

①纸浆。

材料和工具：卫生纸、胶水、水。

制作方法：首先，将卫生纸打碎（图5.22），可直接撕碎后放在水桶中加少许水搅拌（图5.23），然后倒出多余水分加入胶水，下一步将纸浆附着在需要的地方后晾干或烘干即可。

②褶皱。

材料和工具：软质纸、胶水、水。

制作方法：首先，将整张纸完全浸湿，然后在纸上均匀地刷上胶水，粘在需要附着的表面，最后将纸晾干或烘干即可。此方法和纸浆的制作原理相似，稍微不同的处理手法就会展示出不同的肌理效果（图5.24）。

③折叠。

材料和工具：硬质纸、剪刀（选用）。

制作方法：可以通过折叠的方式制作出不同的表面肌理；亦可折叠出相同的元素拼接在一起，必要时也可以用剪刀辅助（图5.25）。

图5.22

图5.23

图5.24

图5.25

图5.22　打碎卫生纸

图5.23　搅拌

图5.24　肌理效果

图5.25　折叠出单元形进行拼接组合

④雕刻。

材料和工具：笔、硬质纸、刻刀。

制作方法：先用笔画出需要雕刻的图案（图 5.26），然后用刻刀按照画出的图案进行雕刻（图 5.27），以达到类似剪纸的效果。

⑤烧灼。

材料和工具：纸、火。

制作方法：根据预想的效果可选择不同的火源，可选用打火机、蜡烛、香等工具（图 5.28）。

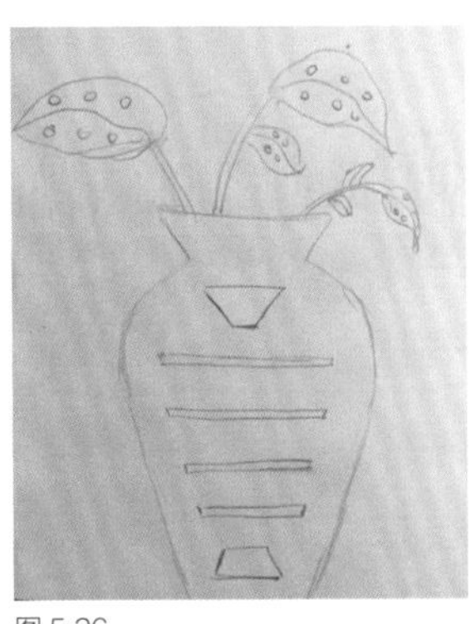
图 5.26

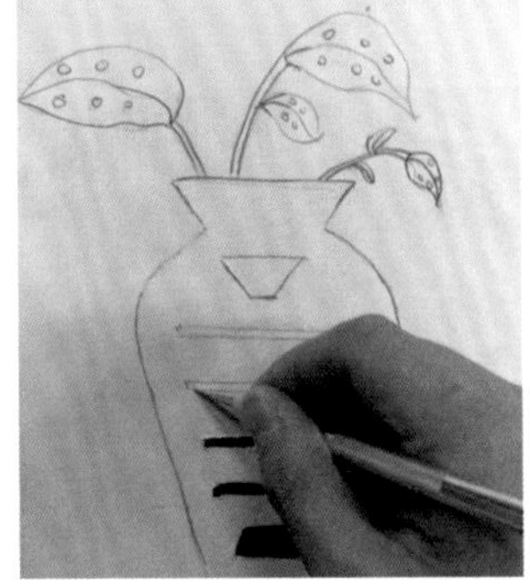
图 5.27

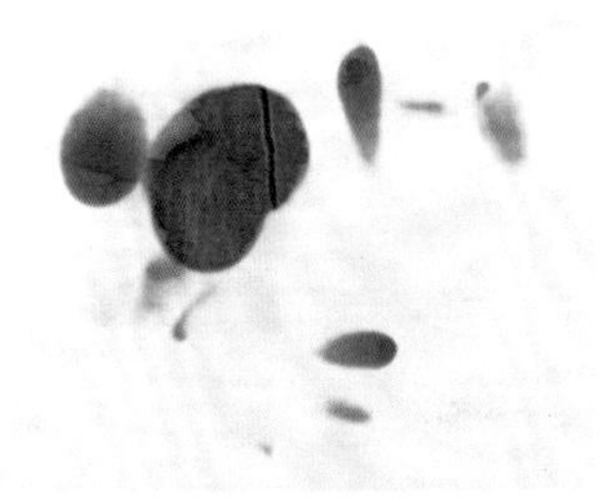
图 5.28

（2）纺织材料

①褶皱：可先将布料设计出皱褶，用棉线缝制出来；亦可固定好所需的皱褶，在皱褶的布料上刷上白乳胶，晾干后即可定型（图 5.29）。

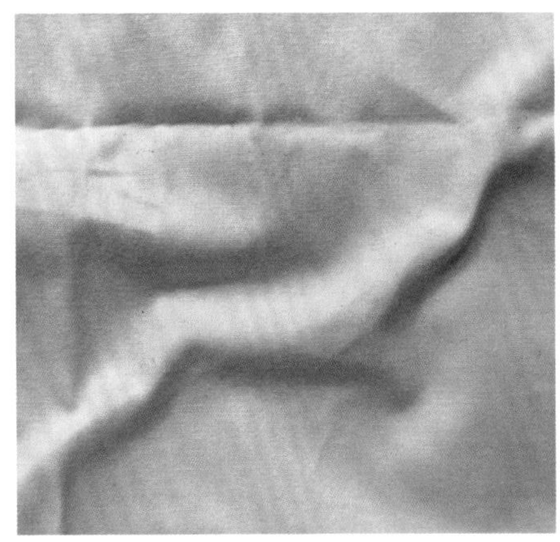
图 5.29

图 5.26　画图案
图 5.27　雕刻

图 5.28　火烧
图 5.29　褶皱处理

②编织：棉绳、麻绳等材料可以通过不同的编织方法呈现出不同形式感的造型（图5.30）。连接方式：可通过用胶粘连、针缝、打结（图5.31）等方式进行材料的连接。

3）纤维材料与其他材料的结合

①金属：可将金属材料作为框架，用硬质纸质材料和布艺材料包裹以及棉绳、麻绳进行编织。运用软质金属材料，可以通过弯折打造出多种造型（图5.32）。

②木质：可将木质材料作为框架，用硬质纸质材料和布艺材料包裹以及棉绳、麻绳进行编织（图5.33）。图5.34是将纸浆涂抹附着在木材的表面，改变原有的表面肌理。

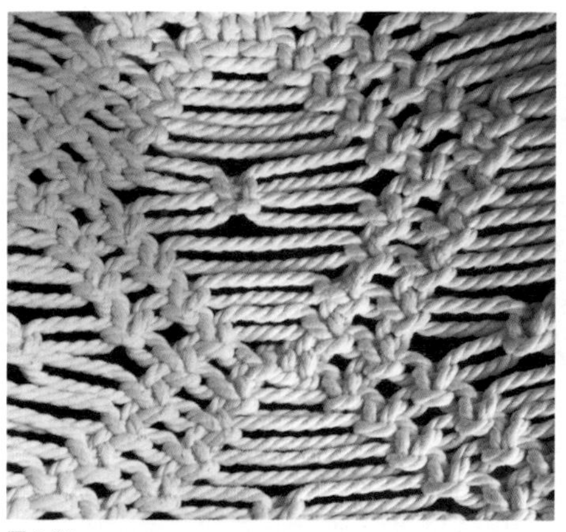
图5.30

图5.31

图5.32

图5.33

图5.30　棉绳编织
图5.31　打结连接

图5.32　金属框架布艺包裹
图5.33　麻绳编织

图 5.34

4）纤维材料在灯饰中的运用

①主体：由于纸质材料和纺织材料具有较好的透光性，常用来制作灯罩主体（图 5.35），棉绳、麻绳通过编织亦可作为灯罩主体，但由于部分灯泡的眩光问题和造型问题，编织时需要考虑编织体的造型和镂空的面积，以及是否需要在编织内部加入其他透光材料进行遮挡（图 5.36）。

②部件：由于纸质材料和纺织材料较轻薄，所以作为部件时，可附着于其他材料表面，作为表面肌理呈现出来（图 5.37）。

图 5.35

图 5.34　纸浆涂抹附着

图 5.35　纸浆灯罩

图 5.36

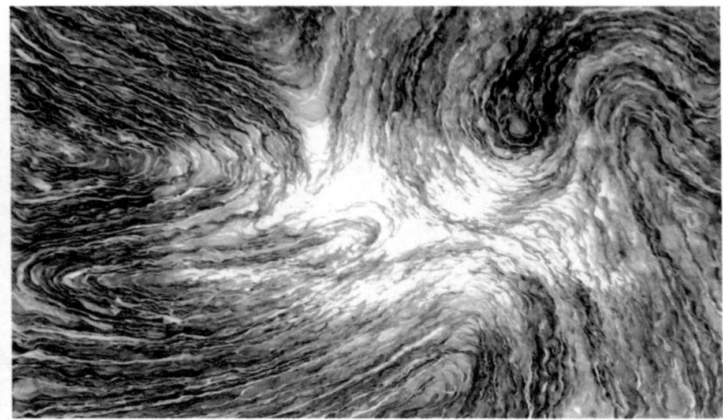
图 5.37

5.2.3　木质材料

1）木质材料的特性

与金属、石材等其他材料相比，木材具有质地柔软、重量较轻等较易加工的特性。木材的种类及生长环境不同，特性也存在差异。

一般来说，硬质木材因为具有较高的密度，所以空隙少，具有更好的耐久性，但是空隙少对涂料的黏附性不好。而软质木材密度较低、耐久性较差、空隙大，对涂料的黏附性好，更适宜涂装。

木材的形态稳定性主要取决于其对水分的吸收率和本身的膨胀收缩率。不同的木材，形态稳定性能相差很大，若木材过度收缩，会起翘变形（图 5.38）、表面涂膜脱落（图 5.39），特别是在连接处、枝干分叉区等部位。因此对木质材料进行加工利用时要适应其自身特性。

图 5.38

图 5.39

图 5.36　内部透光材料遮挡
图 5.37　纸材料肌理
图 5.38　起翘变形
图 5.39　涂膜脱落

木材的不同部位对潮气和涂料的吸收率存在很大差别，如木材的横断面比其他平面的吸收率要大 20 ~ 30 倍，如果不加以适当处理，潮气会由此进入，使木材腐朽、开裂。在吸收率大的木材表面涂刷，除底漆用量大大增加外，还会有失光和吸收不均匀的现象出现（图 5.40）。

2）木质材料的加工手段

①切割：木质材料可以用手工锯、电动工具来进行切割，得到想要的形态（图 5.41）。

②雕刻：用不同型号的木刻刀、凿子等对木质材料进行雕刻（图 5.42），可以得到富有艺术性的视觉效果。

③连接：木质材料有多种连接方式，常见的有胶粘连接、榫卯连接（图 5.43）、金属配件连接等。

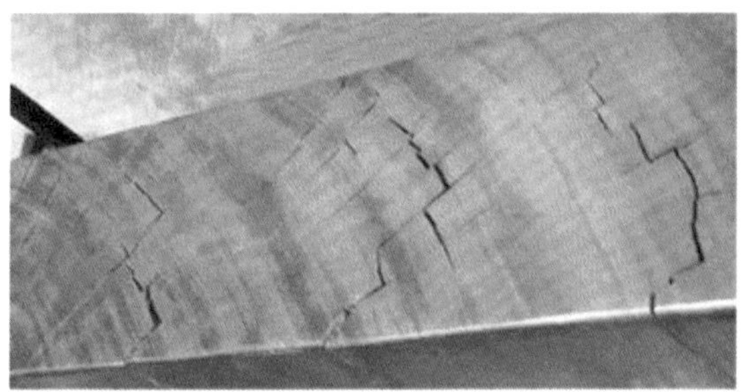
图 5.40

图 5.41

图 5.42

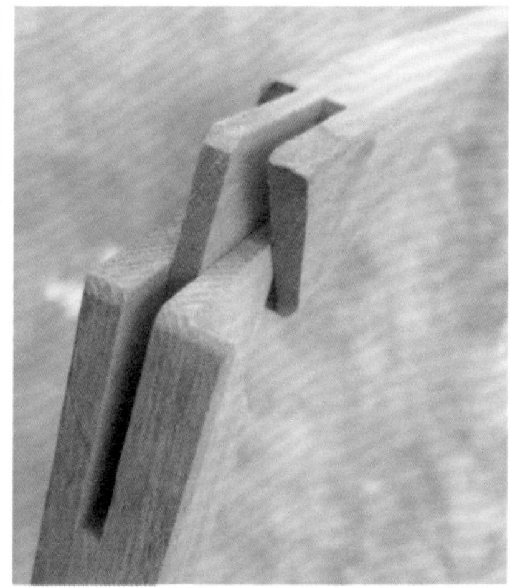
图 5.43

图 5.40　失光和吸收不均匀
图 5.41　电动工具切割
图 5.42　木材雕刻工具
图 5.43　榫卯连接

④修补：木质材料在加工的过程中可能会出现裂缝或局部缺损等现象，这种情况下就需要通过恰当的手段对木材进行修补，以达到良好的视觉效果。常用的手法有用腻子粉或原子灰填缝、木楔子修补等（图 5.44）。

⑤表面效果处理：为了达到理想的视觉效果及良好的使用感，对木质材料表面的处理显得尤为重要。木质材料表面效果的处理包括打磨、刨削、着色（涂装、做旧）等表面肌理的控制及质感的把握，直接影响到最终的视觉体验以及受众的心理感受(图 5.45)。

3）木质材料与其他材料的结合

由于木质材料种类繁多且具有良好的加工性，故可以与多种材料进行结合，以达到不同的视觉效果。

①木材与金属：木质材料与金属的结合，可以缓解金属的冰冷质感（图 5.46）。

②木材与树脂：树脂（环氧树脂）作为现代材料，具有晶莹的质感。木质材料与树脂结合，可以让效果变得更为灵动，并具有良好的艺术性，在生活中是很常见的组合（图 5.47）。

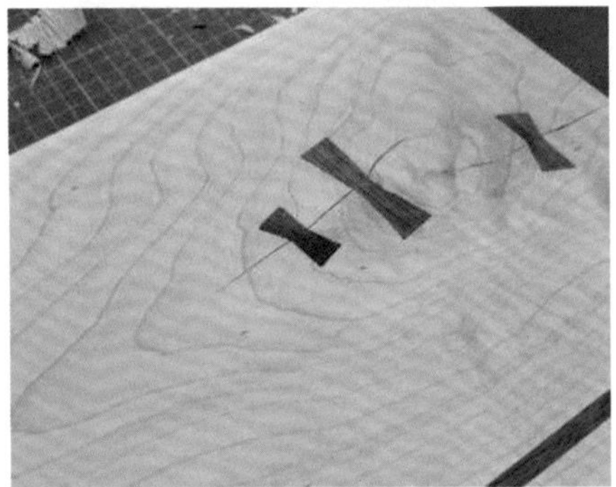

图 5.44

图 5.45

图 5.46

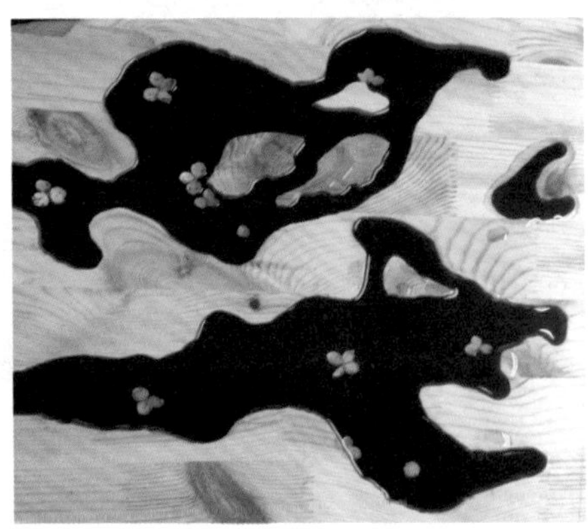

图 5.47

图 5.44　木楔子修补
图 5.45　木材表面效果处理
图 5.46　木材与金属
图 5.47　木材与树脂

③木材与水泥：水泥作为建筑材料与木材同属于经济环保的材料。当冷酷的水泥与温润的木材结合，会给人既个性又舒适的视觉感受（如图5.48）。

④木材与皮革：皮革本身所具有的柔软性和木头本身的结实厚重感结合，将其质感突显得尤为浓厚（图5.49）。

4）木质材料在灯饰中的运用

随着科技的进步，LED技术的成熟与应用，木质材料在灯饰设计中的应用可能性越来越大。通过掏空、雕刻、拼接等技术手段，来改变木质材料的形态，极大地改善了木质材料在灯饰设计方面的限制，图5.50所示是木材掏空做成的灯罩。但是需要注意的是在木质材料的表面要进行防裂、防蛀等必要的处理，来保证材料的稳定持久性。图5.51是设计师亚历山德拉·赞贝利（Alessandro Zambelli）设计的一款木质创意台灯。

图5.48

图5.49

图5.48　木材与水泥
图5.49　木材与皮革

图 5.50

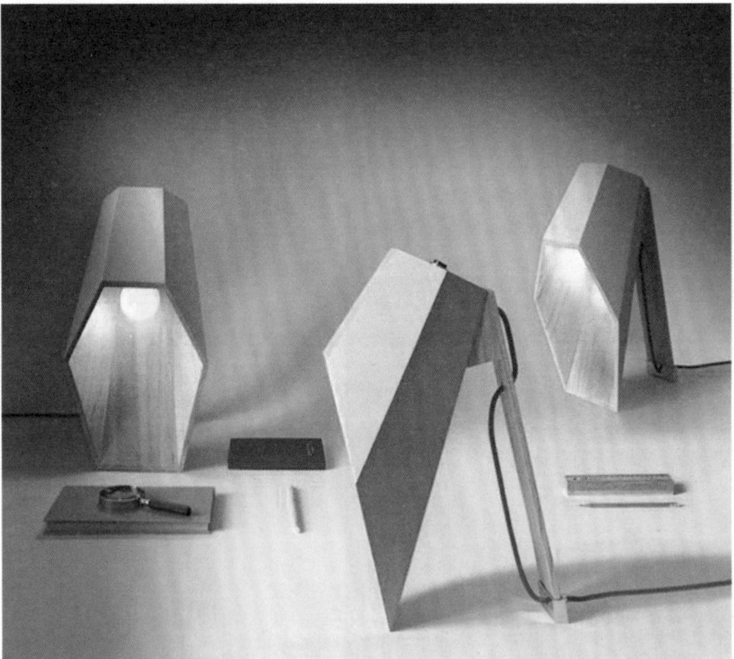

图 5.51

图 5.50　木材掏空做成的灯罩

图 5.51　木质创意台灯

5.2.4 模具材料

模具材料就是翻制或制作模具所需要的材料。模具材料既可以制作模具，也可以作为主体材料使用。常见的模具材料有石膏、硅胶、树脂、混凝土等，图 5.52 所示是一款混凝土与树脂结合制作的吊灯。

1）石膏

（1）石膏材料的特性

石膏粉是五大胶凝材料之一，广泛应用于建筑、建材、工业模具和艺术模型、化学工业及农业、食品加工和医药美容等领域，是一种重要的工业原材料，通常为白色、无色，有时因含杂质而成灰色、浅黄色、浅褐色等（图 5.53）。

石膏粉有很多种类，根据用途可分为：建材用石膏粉、化工用石膏粉、模具用石膏粉、食品用石膏粉和铸造用石膏粉等。

石膏材料因其耐火性好、生产速度快、凝结硬化时间短，材料本身节能、节材、可回收利用，从而具有安全、环保的特点。

图 5.52

图 5.53

图 5.52　混凝土与树脂结合制作的吊灯
图 5.53　石膏粉

（2）石膏材料的加工手段

用石膏粉制模大致有制作翻模模具、调制石膏浆、倒入模具、脱模、表面处理五个步骤。

①制作翻模模具：根据需要浇筑的形态选择具有防水性、耐热性的材料制作一个模具（如硅胶、PVC 板等）。首先将 PVC 板按需求裁出五块大小相同的正方形板（图 5.54）；使用胶枪（热熔胶）将其黏合为一个立方体盒子（图 5.55）；黏合后将需要留出的部分使用其他材质挡住，这样浇筑石膏浆时会留出那一块区域，图 5.56 所示即粉色吸管留空。

②调制石膏浆：将石膏粉倒入容器中，一边加水一边不停地朝一个方向搅拌（图 5.57）。

图 5.54

图 5.55

图 5.56

图 5.57

图 5.54　裁出正方形板
图 5.55　热熔胶黏合
图 5.56　粉色吸管留空
图 5.57　调制石膏浆

③倒入模具：将石膏浆搅拌至没有块状物后，倒入预先准备的模具里（图 5.58）。倒入模具中后要轻轻地震平石膏浆，把内部的空气震出来，防止内部形成气泡。注意：整个过程速度要快，防止还没浇筑石膏浆就固化了，影响使用。

④脱模：等石膏固化后，将模具取下，得到石膏体块（图 5.59）。

表面处理：石膏表面可以采用堆积、打磨、雕刻、着色等方式得到想要的视觉效果，图 5.60 所示是石膏堆积表现出的肌理效果，图 5.61 中显示了用雕刻的方法得到的表面肌理。想要得到一个光滑的表面可以使用砂纸进行打磨，用 1500 目左右的砂纸打磨，然后用羊毛刷刷掉打磨出的石膏粉，再用更细的砂纸打磨，就可以得到光滑的表面。

图 5.58

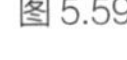

图 5.59

图 5.60

图 5.61

图 5.58　倒入模具

图 5.59　石膏体块

图 5.60　石膏堆积出现的肌理效果

图 5.61　用雕刻的方法得到的表面肌理

（3）石膏材料与其他材料的结合

石膏材料可以与其他很多类型的材料结合，充分地发挥石膏材料的特性，使得不同材质优势互补达到更好的视觉效果。图 5.62 是一款用石膏和塑料软管结合制作的地灯，图 5.63是一款石膏与旧玻璃瓶结合制作的台灯。

（4）石膏材料在灯饰中的运用

石膏材料可以直接或间接地运用到灯饰设计中，为灯饰设计增添更多的可能性。石膏材料在灯饰中可以作为灯座、载体及灯罩等使用（图 5.64）。

图 5.62

图 5.63

图 5.64

图 5.62　石膏和塑料软管结合制作的地灯

图 5.63　石膏与旧玻璃瓶

图 5.64　石膏灯罩

2）水晶滴胶

水晶滴胶是现在手作比较常用的一种材料，很多人喜欢它的晶莹剔透、可塑性强，用来制作灯饰有着其他材料无法达到的效果。

（1）水晶滴胶材料的特性

水晶滴胶，学名环氧树脂，是一种双组分配制的 AB 胶。具有黏度低、透明度高、耐黄变、抗折性好等特点。并且水晶滴胶有软硬之分，也就是说固化后可以是软的也可以是硬的。

（2）水晶滴胶分类

软性水晶滴胶：具有透明度高、不收缩、不起翘、柔软性好、抗折性佳、不断裂、耐黄变等特点。适用于商标、标牌等电子、电器产品的表面装饰，在工艺品制作方面多用于手机壳 DIY 等。

硬性水晶滴胶：透明度高、硬度高，适用于徽章、铭板等产品的表面装饰。若无硬度上的特殊需求，制作灯饰推荐使用硬性水晶滴胶（图 5.65、图 5.66）。

注意事项：

①液态下的水晶滴胶有轻微毒性，制作时建议在通风良好的环境下佩戴口罩、手套，避免接触皮肤，禁止入口，易过敏体质不建议操作此类手工。

②滴胶固化之后的常态没有毒性。

③液态滴胶与水不相融，有水的液态滴胶部分不会固化，制作时请注意。

④若滴胶不慎粘到手上或衣物上，建议立即用纸巾擦拭干净，若仍感觉到皮肤黏腻不适，建议用酒精或者指甲卸妆巾擦拭。

图 5.65

图 5.66

图 5.65　鲨鱼树脂灯

图 5.66　多肉树脂灯

（3）水晶滴胶材料的加工手段

①工具准备：水晶滴胶足量（注：本案例采用硬性滴胶，A胶：B胶的质量比为3 ：1）、小型电子秤、制作所需模具（可直接购买模具成品，也可使用硅胶或 PVC 塑胶片自制模具。本案例采用 6.5cm×6.5cm×6.5cm 正方体模具）、色精（色精种类繁多，可根据需要自行挑选购买，图 5.67）、调胶杯（一次性纸杯、塑料杯、硅胶杯等均可，根据所需滴胶量决定调胶杯大小，为一次性使用工具，但硅胶材质的调胶杯可以重复使用）、调胶棒（圆玻璃棒、圆木棒、雪糕棍等均可，长度、大小、粗细与调胶杯相匹配即可）、填充物（非必须，闪粉亮片类效果填充物请根据需要挑选购买）、主体填充物（可选择范围非常广泛）、硅胶垫片（可防止滴胶溅落弄脏桌面，方便清理，尺寸建议越大越好，图 5.68）。

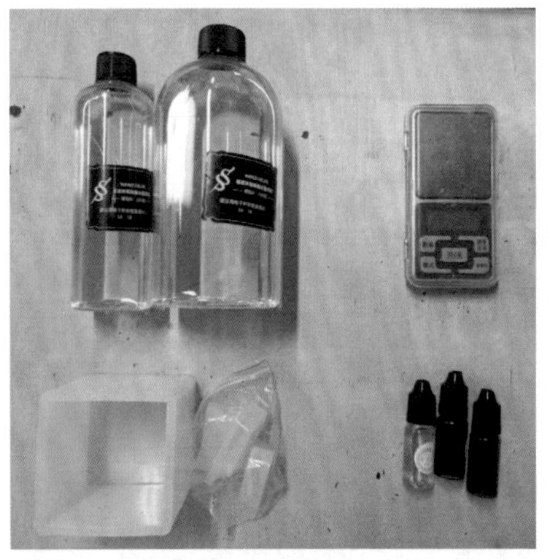

图 5.67

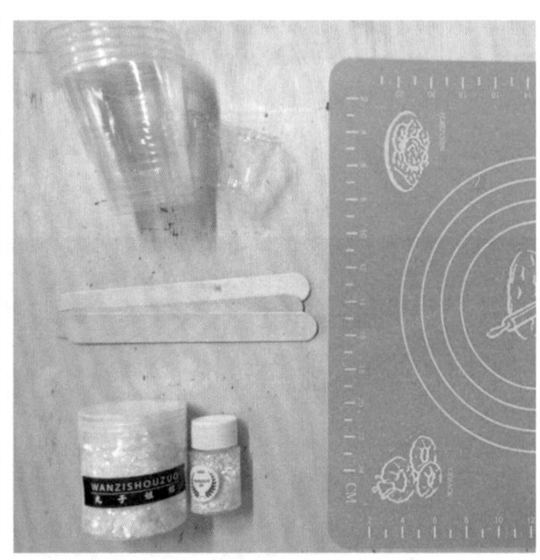

图 5.68

图 5.67　水晶滴胶及其他工具

图 5.68　调胶杯及其他工具

②调胶：明确所用滴胶 A 胶和 B 胶的质量比（图 5.69）。将干净无尘的调胶杯放到电子秤上面，清零电子秤（用天平称或电子秤称量胶水时一定要除去容器质量，以免称量不准，图 5.70）。倒入 A 胶（图 5.71），称量之后清零 A 胶质量再倒入 B 胶，B 胶的质量为 A 胶的三分之一左右（B 胶为固化剂，如果想缩短凝固时间，在配比比例差距不大的情况下可以少量增加 B 胶，但切不可过多，如图 5.72 所示）。

图 5.69

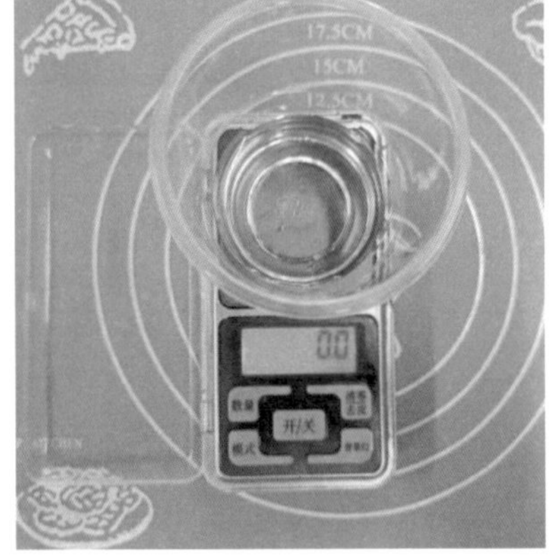

图 5.70

图 5.71

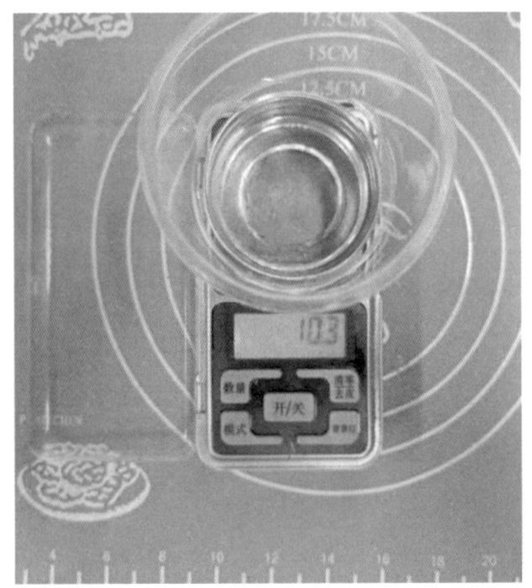

图 5.72

图 5.69　滴胶重量比
图 5.70　清零电子秤
图 5.71　倒入 A 胶
图 5.72　倒入 B 胶

接下来用搅拌棒进行搅拌。刚开始搅拌时，滴胶会呈现白色絮状的拉丝状态（图5.73），随着搅拌的进行会慢慢变为透明。搅拌至完全透明不拉丝的状态，此时滴胶中会产生很多气泡（图5.74），气泡会影响成品效果，因此需要将搅拌棒放入调胶中，气泡会慢慢附着在搅拌棒上，静置5分钟左右等待消泡（图5.75）。也可以自配加热垫或者用打火机略微靠近灼烧。高温有助于快速消泡，但同时也会加速滴胶的固化，所以不可长时间加热需要二次操作的滴胶。等消泡完成，滴胶就像水一般清澈，即可开始制作（图5.76）。

图5.73　　图5.74

图5.75　　图5.76

图5.73　拉丝状态

图5.74　产生气泡

图5.75　等待消泡

图5.76　消泡完成

（4）水晶滴胶材料与其他材料结合

在制作水晶滴胶过程中，其可以跟其他材料结合，比如木质、纸质、金属、油性颜料等材料，能产生丰富的视觉效果。

将消泡后的水晶滴胶，分成合适的分量分别倒入小调胶杯中（图 5.77），也可直接在原滴胶杯中操作。放入准备填充的材料（图 5.78），缓慢搅拌，力度不宜过大，同时建议按照同一个方向搅拌，否则极易产生气泡（图 5.79）。之后利用搅拌棒，用引流法将调好的水晶滴胶缓慢倒入模具，可减少气泡的产生（图 5.80）。

图 5.77

图 5.78

图 5.79

图 5.80

图 5.77　倒入小调胶杯
图 5.78　放入填充的材料
图 5.79　缓慢搅拌
图 5.80　引流倒入模具

将搅拌棒放入模具中，缓慢搅拌水晶滴胶，使填充材料分布均匀（图 5.81）。然后静置消泡，若需要补充填充材料也可直接加入，但之后要将水晶滴胶搅拌均匀，避免填充物浮于水晶滴胶表面，如图 5.82。搅拌均匀之后，在水晶滴胶中放入底层所需主体物（图 5.83），用搅拌棒调整好位置。

在制作过程中，若之前调制的水晶滴胶用完，需再次调制新的水晶滴胶，不建议使用之前已经用过的调胶杯，因为之前调制的水晶滴胶已经开始固化，同时要注意将电子秤示数重置清零（图 5.84）。

图 5.81

图 5.82

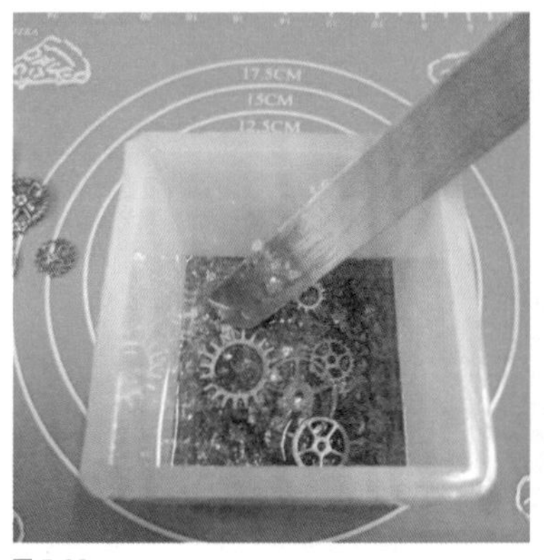

图 5.83

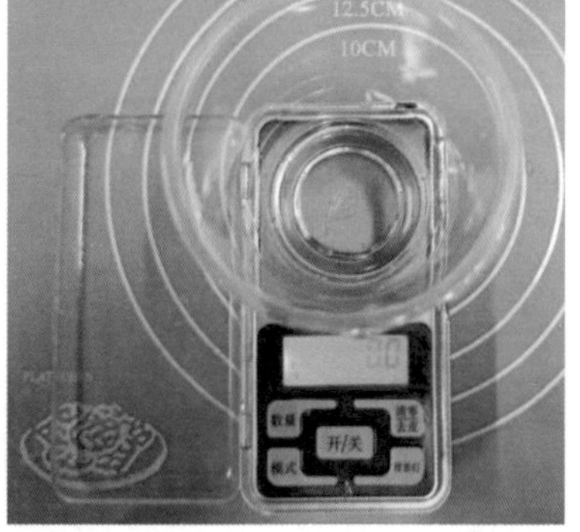

图 5.84

图 5.81　填充材料分布均匀
图 5.82　补充加入填充材料
图 5.83　放入底层所需土体物
图 5.84　调制新的水晶滴胶

用搅拌棒贴着模具的边缘缓慢划动搅拌，以防细微气泡未消除（图 5.85）。同时若模具内部水晶滴胶厚度已达到 2cm，则需要静置 1~2 小时之后再操作；若静置一段时间之后依然感觉第一层水晶滴胶流动性过强，则建议再等 1~2 小时再进行操作。静置期间需要拿出搅拌棒。继续灌胶（图 5.86），同时注意消泡，一些大气泡可以直接用针或牙签挑破，灌注时依需要加入所需主体物，并利用搅拌棒调整好位置。第二层水晶滴胶灌注（图 5.87）完成后，静置 2 小时再进行后续操作（此时不建议用搅拌棒再去翻动第一层灌注的滴胶，因为极易产生气泡，如图 5.88 所示）。

图 5.85

图 5.86

图 5.87

图 5.88

图 5.85　边缘缓慢划动搅拌
图 5.86　继续灌胶
图 5.87　第二层水晶滴胶灌注
图 5.88　静置 2 小时

2 小时后灌注第三层水晶滴胶，并加入所需主体物（图 5.89），若主体物下沉至第二层，则建议过 1 小时再进行操作。不同的水晶滴胶凝固时间不同，需要不断摸索调试，才能把握确切固化时长。第三层水晶滴胶灌注完成（图 5.90）。由于水晶滴胶固化时会缩胶，因此想要做出一个饱满的正方体，建议在封顶的时候水晶滴胶比模具顶部稍微凸出一些，但要避免溢出（图 5.91）。静置 24~48 小时，至滴胶完全固化后脱模，可以将模具连同固化的水晶滴胶作品放入水盆中，方便脱模（图 5.92）。若水晶滴胶尚未固化，严禁与水接触。

图 5.89

图 5.90

图 5.91

图 5.92

图 5.89　加入所需主体物
图 5.90　第三层水晶滴胶灌注完成
图 5.91　避免溢出
图 5.92　脱模完成

（5）水晶滴胶材料在灯饰中的运用

水晶滴胶材料在灯饰设计中运用广泛，可以作为灯饰的部件（图 5.93），也可以作为灯饰的主体（图 5.94）。

将制作完成的水晶滴胶方块放置在方型灯座上，确定好位置。可使用模型胶进行固定，也可直接调制少量水晶滴胶用作黏合剂。由于透明的水晶滴胶的透光性非常好，而且足够坚固且绝缘，因此可以直接与光源装置结合（图 5.95）。但要注意的是水晶滴胶具有轻微的腐蚀性，因此不可与光源内部灯体结构直接接触，避免零件腐蚀导致光源无法工作。

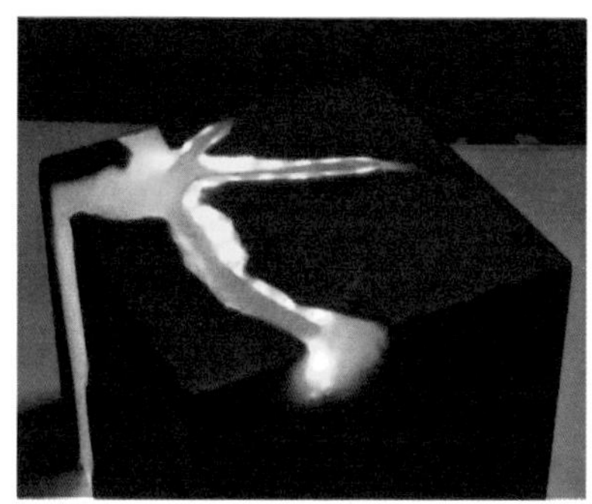

图 5.93

图 5.94

图 5.95

图 5.93　裂痕树脂木灯

图 5.94　绣球花树脂灯

图 5.95　齿轮小夜灯

5.3 实例制作全过程

5.3.1 “立方”台灯

1）设计构思

这款台灯的灵感来源于设计师大学宿舍中属于自己的一立方米书桌空间。一款放置于宿舍中的小夜灯，传递着一种简约清新而又温暖的感觉，让学子对宿舍里的一隅空间也有亲切的归属感。造型上采用解构的方式，选取三角形、正方形及圆形作为主要构成元素，既稳固又有多种不同的组合摆放形式（图5.96、图5.97）。在纯白的石膏中加入蓝色矿物质色粉，改变石膏的颜色，使其类似于课堂上常用的蓝色粉笔，让人回忆起美好的校园时光。

图5.96

图5.97

图5.96　叠加组合

图5.97　并列组合

2）选用材料

石膏、矿物质色粉、铁片、玻璃酒瓶。

3）制作过程

①酒瓶切割，先用玻璃刀在切割位置划出痕迹，然后用蜡烛等方式进行加热，注意加热时要缓慢移动，使酒瓶切割处表面均匀受热（图 5.98），几分钟后用凉水浇到切割处，酒瓶就会受凉断裂。要想得到规整的断面，可用砂纸进行打磨。

②制作模具，选用操作较方便的泡沫板制作模具，用热线切割锯进行切割，得到想要的造型（图 5.99）。

③浇筑模型，把切割好的酒瓶与模具结合固定，将事先调制好的石膏浇进模具内，等待石膏干燥成型（图 5.100）。

④制作灯头固定部件，选取 1 mm 厚铁片裁切出合适的形状，并用电钻进行打孔（图 5.101），以便于组装固定。

图 5.98

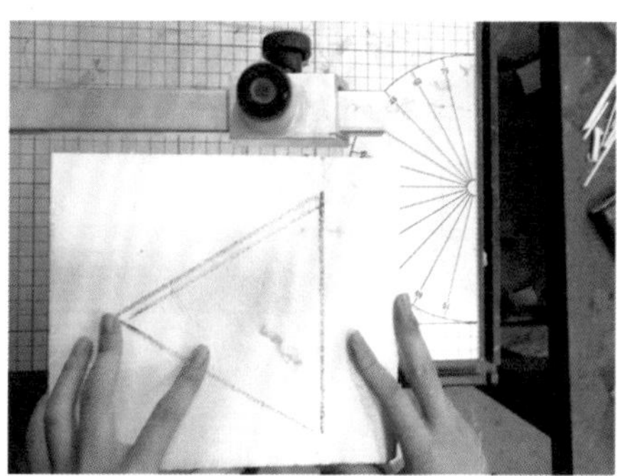

图 5.99

图 5.100

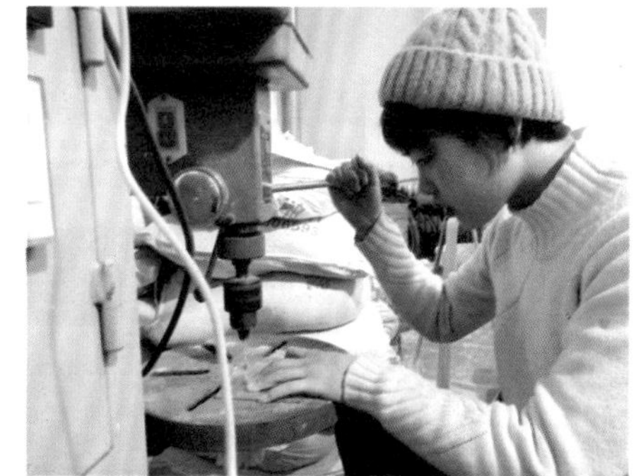

图 5.101

图 5.98　均匀受热

图 5.99　热线锯切割

图 5.100　等待石膏干燥成型

图 5.101　电钻打孔

⑤表面效果处理。材料的表面色彩及质感关系到灯饰给人的视觉感受，要尽可能地采取合适并便于操作的方法来达到想要的表面效果。将裁剪好的铁片进行喷漆处理（图5.102），一方面可以防止生锈，另一方面可以配合整体效果。并将石膏底部对应部位打孔（图5.103），以方便后期固定（图5.104）。

⑥线路连接。将事先准备好的电料、插头等配件进行组装连接（图5.105），可以根据需要控制电料的长度，必要时可安装手动开关或遥控开关。

⑦组装完成（图5.106）。将所有的配件进行组装，在组装的过程中需要注意细节的衔接，为了达到好的效果，有必要用砂纸、小刀等工具对细节进行处理。

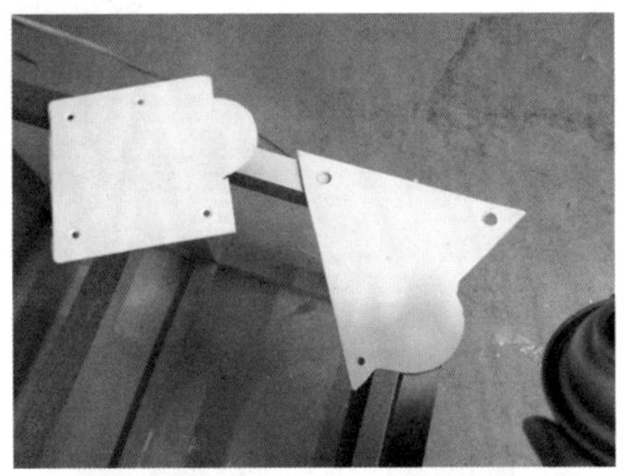

图 5.102

图 5.103

图 5.104

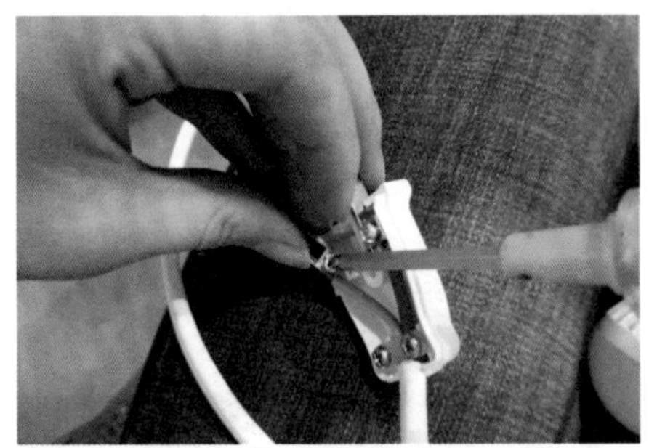

图 5.105

图 5.106

图 5.102　喷漆处理
图 5.103　石膏底部对应部位打孔
图 5.104　底部固定
图 5.105　插头连接
图 5.106　组装完成

5.3.2 “多肉”台灯

1）设计构思

许多人喜欢在室内摆放些绿植，既可以净化空气，还可以带来丝丝清凉，让室内充满生机和活力。居住在都市中的人们，逐渐远离了自然，生活压力越来越大，人们更加渴望接触到绿荫、池塘、花草和泥土。于是，设计师便设想通过灯饰与植物的结合，将绿色带入室内进行点缀。为了更加完美和谐，反复推敲了植物的高度，让台灯与植物构成一个和谐而富有生机的整体，把光亮和自然气息一并带进室内。灯泡的光芒可以促进植物生长，植物的鲜活和色彩则给灯光带来生气，展现最淳朴自然的一面（图 5.107）。

图 5.107

图 5.107　“多肉”台灯

2）选用材料

金属框架、纱布、卫生纸、白乳胶、玻璃瓶、多肉植物。

3）制作过程

通过手工自制灯罩，在金属框架上用纱布打底（图 5.108），使用白色卫生纸做原材料，用白乳胶加以黏和（图 5.109）。纯净的白色使灯罩在外观上更加贴近自然。

氤氲的灯光搭配可爱的多肉植物（图 5.110），洋溢着浓浓的生活气息。

图 5.108

图 5.109

图 5.110

图 5.108　纱布打底

图 5.109　白乳胶加以黏和

图 5.110　局部效果

5.3.3 “风铃”夜灯

1）设计构思

灵感来源于小时候对于风铃的幻想。一款放置于阳台上的风铃夜灯，随风飘动，给人一种闲适而又温暖的感觉。造型上采用传统风铃的造型，选取轻巧的易拉罐作为灯的载体，圆柱使整体显得更加饱满，金属的质地碰撞在一起，就有了风铃那种清脆的声音（图 5.111）。

2）选用材料

经过简单处理的天然木棍（每根长 50 cm 左右）、用于连接或固定的不同粗细的麻绳，还有生活中随处可见的废弃易拉罐、可以调节闪烁节奏的灯串以及用以烘托氛围的仿真草皮、仿真树、小人模型（如图 5.112）。

图 5.111

图 5.112

图 5.111　“风铃”夜灯

图 5.112　选用材料

3）制作过程

①易拉罐打孔：先用彩色笔在要打孔的位置上做好记号，处用粗细适当的针扎孔，注意扎孔时力度要均匀，使孔的大小保持一致。扎孔时要注意安全，避免针伤到手。如果孔太小或者不均匀，可用牙签之类的材料进行调整，以便得到大小均匀的孔（图 5.113）。

②易拉罐上色：由于易拉罐的品类不同，为了得到更整体的效果，选用丙烯颜料将易拉罐统一刷上白色。丙烯颜料具有上色持久、易干的特点（图 5.114）。

③将小灯串塞进易拉罐，开关留在罐口。在罐口处用热熔胶固定一下，防止开关掉进易拉罐，然后固定好麻绳。

④制作吊灯中心外部造型：首先要准备一个大小不一样的易拉罐，将其分成三大部分。用小刀分的时候要注意切割的力度及方向，保证切出来是直线，然后每一个部分都用剪刀剪成小条状（图 5.115），之后用丙烯颜料上色（图 5.116）。等丙烯颜料完全晾干后，接着用牙签将小条卷成小卷（图 5.117）。

图 5.113

图 5.114

图 5.115

图 5.116

图 5.117

图 5.113　易拉罐打孔
图 5.114　易拉罐上色
图 5.115　剪刀剪成小条
图 5.116　丙烯颜料上色
图 5.117　用牙签卷成小卷

⑤制作吊灯中心内部景观：用到的是仿真草皮、仿真树、小人模型。首先要剪出一块和易拉罐底部一样大小的圆形草皮，然后将圆形草皮垫在易拉罐内部底座上，将树和人用热熔胶固定在草皮上。固定前一定要事先摆好位置，以达到最佳效果（图 5.118）。

⑥制作星形框架：首先要挑选出 5 根较直的自然木棍，摆成五角星形状，然后用麻绳固定（图 5.119）。

⑦吊灯整体造型固定：将固定好的星形框架用麻绳吊起来，把制作的易拉罐灯吊在星形框架上。应多次尝试，调试位置，确定合适的吊绳长度（图 5.120、图 5.121 ）。

图 5.118

图 5.119

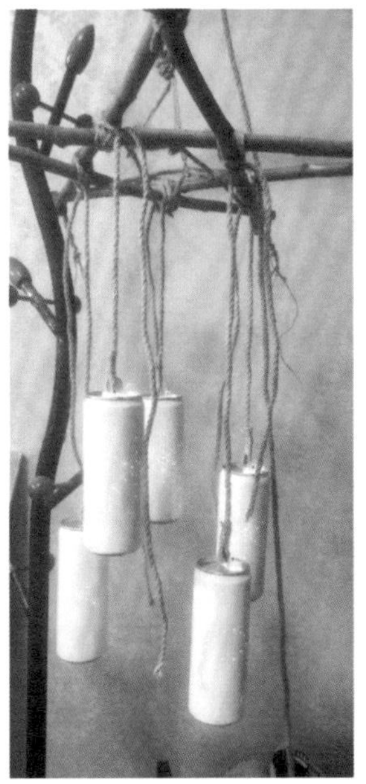
图 5.120

图 5.121

图 5.118　制作吊灯中心内部景观
图 5.119　制作星形框架
图 5.120　调试位置
图 5.121　确定长度

⑧装饰吊灯：用带有叶子的麻绳在星形框架上绕几圈，用热熔胶固定住，然后将易拉罐有规律地间隔开，并系在吊绳上，制作完成（图 5.122~ 图 5.124）。

图 5.122

图 5.123

图 5.124

图 5.122　用叶子装饰
图 5.123　系上易拉罐
图 5.124　装饰完成

5.3.4 树枝落地灯

1）设计构思

中国人喜欢温润有质感的器物，这种感觉体现在对器物表面肌理的追求上。那些经过岁月打磨、洗礼、沉淀的木器，更是显得楚楚动人（图 5.125）。

这款灯饰使用原木，保留树枝原始的美感。造型采用木头、麻绳与麻布结合，增强整体的设计感。灯饰色彩保留材料本身的颜色，纯白搭配沉静的木色，唤起我们对森林最初的记忆，整体给人一种禅意的美感。

2）选用材料

树枝、木桩底座、麻绳灯线、麻布、铁丝、LED 灯泡、插头。

3）适用场景

客厅、卧室、书房、茶室。

图 5.125

图 5.125　树枝落地灯

4）制作过程

①树枝灯架的处理：选取一个造型合适的树枝，去掉多余的枝杈，保留悬挂灯罩的主枝。对树枝进行打磨去皮处理，使灯架手感更加细腻，但要注意保留树枝原有的纹路质感。请木工师傅安装一个直径 20cm 底座。底座的大小、重量要保证整体灯架稳固不晃动。再使用麻绳缠绕连接处，遮住树枝与底座连接处的痕迹，最后进行上漆处理（图 5.126、图 5.127）。

②灯线的处理：准备麻绳、电线、插头、LED 灯、钨丝灯泡、拉链灯头等材料（图 5.128）。

将电线与插头、灯泡等线路相连，通电试验。经过对比，在钨丝灯泡与 LED 灯中选择了后者，因为 LED 灯长时间使用不会大量发热，在灯罩是麻布材料的情况下，相对钨丝灯泡更加安全省电。

图 5.126

图 5.127

图 5.128

图 5.126　树枝去皮
图 5.127　麻绳缠绕
图 5.128　麻绳等其他材料

③灯罩的制作：灯罩的主要材料为铁丝、麻布、铺棉（图 5.129）。使用铁丝制作灯罩的圆柱形支撑骨架，直径为 15 cm（图 5.130）。用铺棉包裹住支撑骨架，起到固定以及遮光的作用，使得灯光柔和不刺眼。再缝制灯罩外的麻布部分，最后固定在灯罩上（图 5.131）。

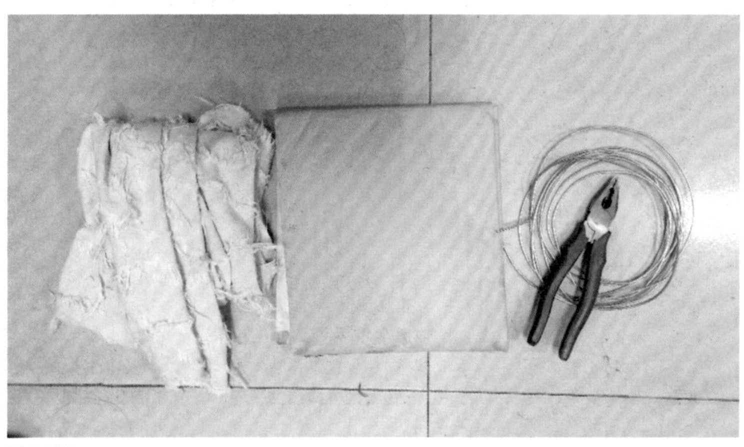

图 5.129

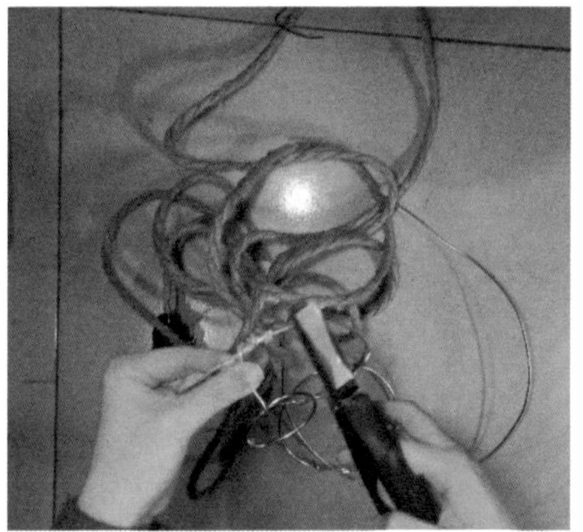

图 5.130

图 5.131

图 5.129　灯罩的制作材料

图 5.130　铁丝制作灯罩骨架

图 5.131　缝制麻布灯罩

④组装和完善：将所有制作完成的灯饰部件安装到一起，将麻绳灯线缠绕在灯架上，挂好灯罩，灯饰即完成（图 5.132）。

麻绳并没有粘在灯架上，方便使用者根据个人使用情况调节灯的高度以及插头线的长度。灯罩内附有拉链式开关，方便开关灯（图 5.133、图 5.134）。

图 5.132

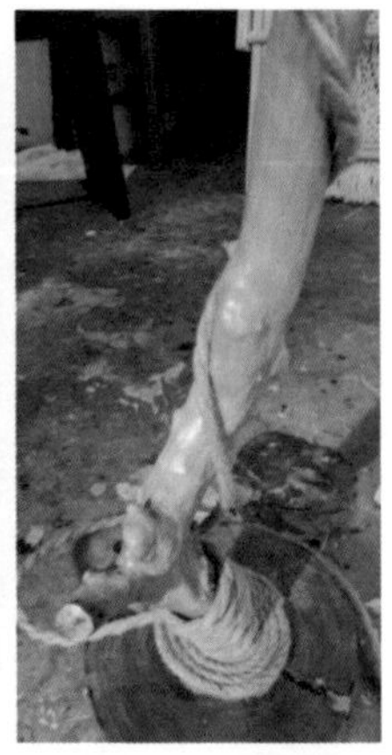
图 5.133

图 5.134

图 5.132　组装和完善
图 5.133　底座部分
图 5.134　场景呈现

5.3.5 “葫芦”小夜灯

1）设计构思

灵感来源于“葫芦者，福禄也。”葫芦自古以来在中国人的心中就是富贵的象征，代表长寿吉祥。葫芦藤蔓绵延、结子繁盛，又被视为祈求子孙万代的吉祥物。在中式风格的装饰中，葫芦是必不可少的元素。灯饰造型采用葫芦和圆形以及半圆形的结合形式，使整体造型丰富又不繁缛，简约又不简单；灯饰色彩保留材料本身的颜色，给人一种禅意的美感（图 5.135）。

2）选用材料

葫芦、亚克力板、竹制木圈、铝板、LED 灯带。

图 5.135

图 5.135 “葫芦”小夜灯

3）制作过程

①葫芦的处理：分为切割葫芦、内部处理和外部处理三个步骤。

先用勾线笔在葫芦上画出开灯槽的轮廓，然后用手工锯（注意选用切割木材的锯条）和刻刀相结合的方式切割并修整切割边缘（图 5.136）。

然后将葫芦内部的瓤取出，可选用镊子、刻刀、铁丝等相结合的方式。接下来用砂纸打磨葫芦外表面以及切割截面，打磨至磨砂效果，为下一步做准备。

最后给葫芦表面进行抛光及防水处理，用纸巾或者棉布蘸桐油进行涂抹和擦拭，至桐油渗入葫芦表面即可（图 5.137）。

图 5.136

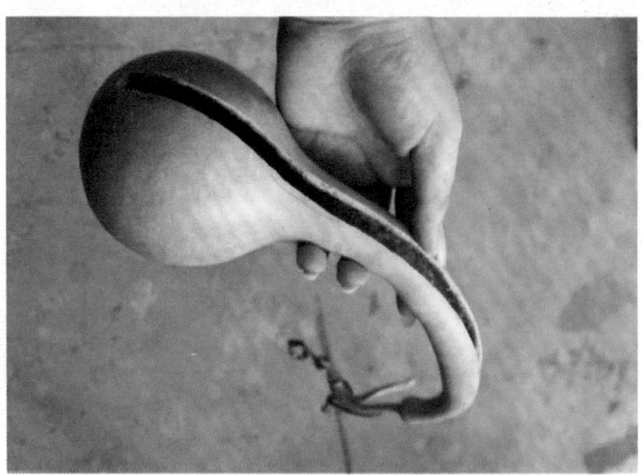
图 5.137

图 5.136　刻刀修边
图 5.137　抛光及防水处理

②亚克力板的处理：分为切割和修整切割边缘两个步骤。

首先需要按照竹制木圈的内径和葫芦边缘的位置在亚克力板上画出轮廓，并用手锯（此步骤选用切割塑料材料的锯条）锯出所需大致形状（图 5.138）。由于贴近葫芦的一侧是插在葫芦灯槽内部的，这一侧可以多预留一些面积（图 5.139）。

第二步将锯完后不规整的边缘部分，用锉刀（可选用木材锉刀）按照画出的轮廓修整，用锉刀时一只手控制力度和方向，另一只手在亚克力板的另一侧按压，保持锉刀水平以达到截面垂直（图 5.140）。

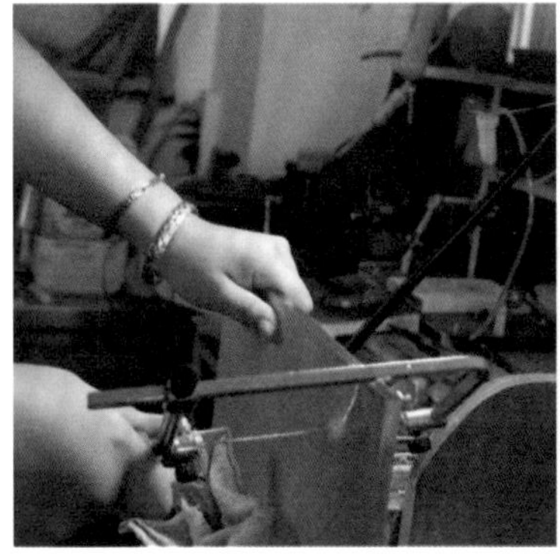

图 5.138

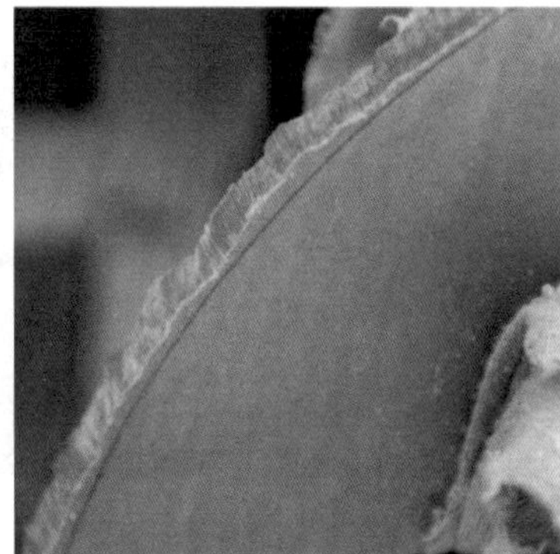

图 5.139

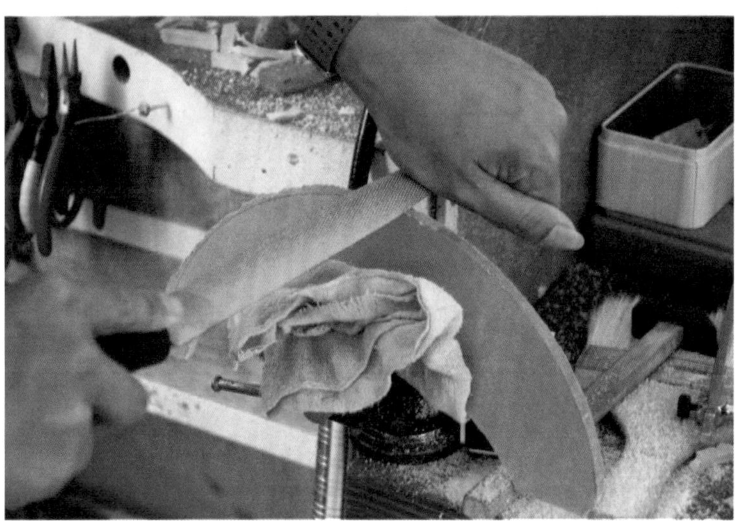

图 5.140

图 5.138　手锯切割

图 5.139　预留边缘

图 5.140　木材锉刀修整

③铝制底座的制作：分为铝板的切割、铝板的弯曲、铝板的焊接、底座成形后的处理四个步骤。

首先，在铝板上画出每个面的展开图。此灯饰为了给人以视觉上协调统一的形式美感，每个面的长宽比例，是以竹制木圈的尺寸为基础，按照 0.618 黄金分割确定的。切割铝板时，为了节约时间，直线可酌情选用电锯，曲线尽量使用手锯。切割铝板内部时，需要先用电钻钻孔后（图 5.141），安装锯条进行切割。由于锯弓的限制，中间锯不到的部位选用吊磨机进行切割（图 5.142），最后用金属锉刀修整边缘（图 5.143）。

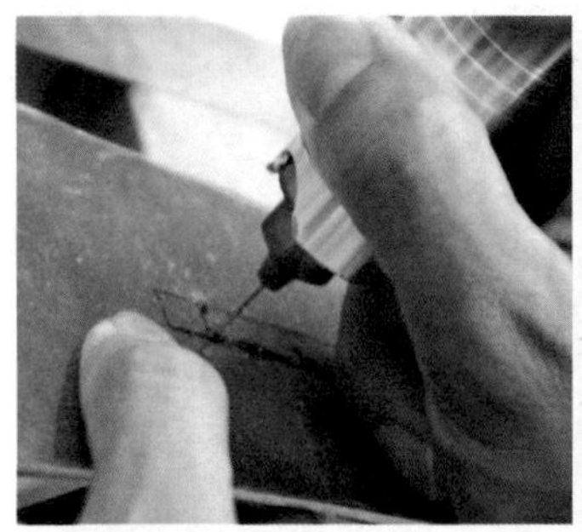

图 5.141

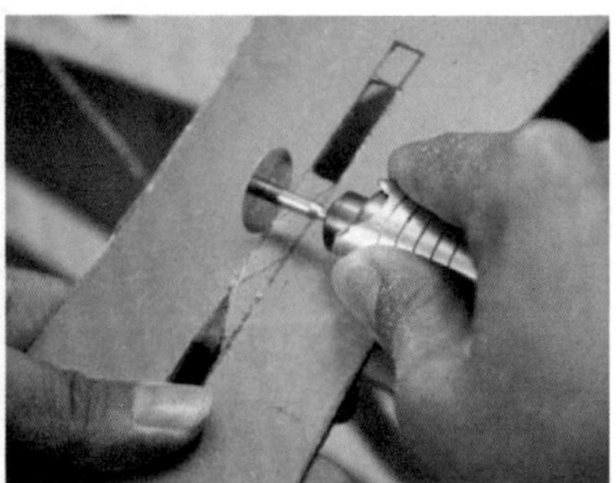

图 5.142

图 5.143

图 5.141　电钻钻孔

图 5.142　吊磨机切割

图 5.143　金属锉刀修整边缘

接下来，弯曲铝板。需要先进行加热，然后进行短暂散热，佩戴手套将加热后的铝板弯曲至满意程度，并用橡胶锤修整弯曲面（图 5.144、图 5.145）。

第三步，将所有铝板边缘修整好拼合在一起后，用焊丝进行焊接。需先给铝板预热，防止造成冷热不均的情况影响焊接时间，焊接时注意规范操作，防止烫伤（图 5.146、图 5.147）。

图 5.144

图 5.145

图 5.146

图 5.147

图 5.144　加热退火
图 5.145　橡胶锤修型

图 5.146　焊丝焊接
图 5.147　规范操作

最后，将焊接后多余的边修剪掉，可选用手锯、锉刀、金属剪钳等多种方式（图5.148、图5.149）。用锉刀留出电线的空间（图5.150），将边缘处理成圆角后（图5.151），用角磨机和砂纸进行整体打磨（图5.152、图5.153），使灯座整体呈现出磨砂效果，给人以高级的视觉感受。内敛的磨砂效果更能突出视觉中心的葫芦。

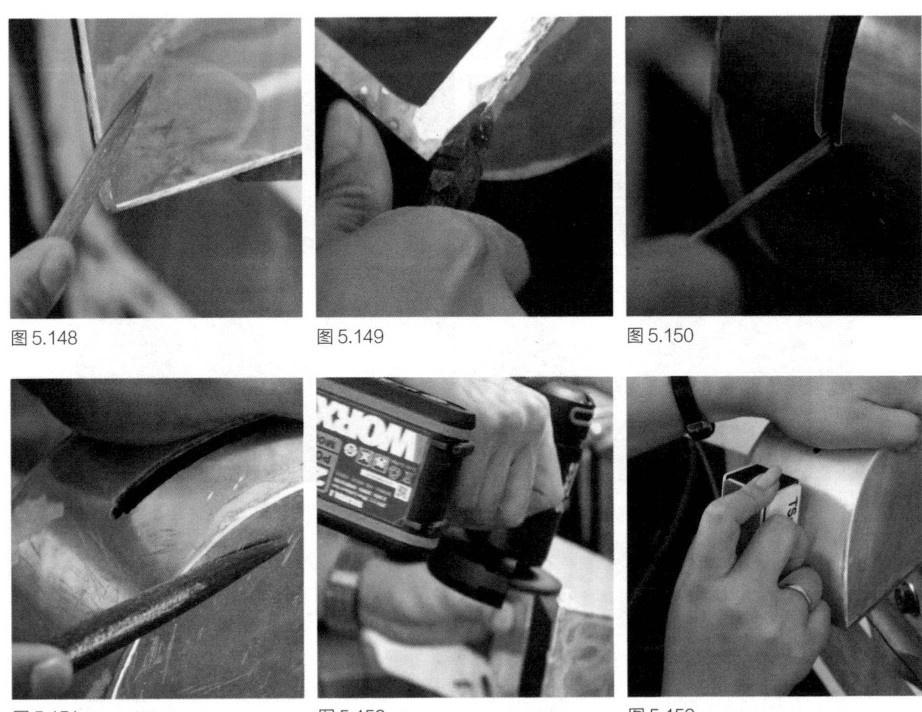

图5.148 图5.149 图5.150

图5.151 图5.152 图5.153

图5.148 锉边

图5.149 修剪

图5.150 用锉刀留出电线的空间

图5.151 边缘处理成圆角

图5.152 角磨机打磨

图5.153 砂纸块细磨

④组装和完善：将所有制作完成的灯饰部件（图 5.154）进行组装，并调整好位置，用粘首饰的专用胶水将亚克力板和圆竹框进行黏合，在不影响胶水干燥的情况下，用绳子、夹子等材料进行固定。12 小时后拆下固定用具后安装电池，灯饰成品即组装完成（图5.155）。

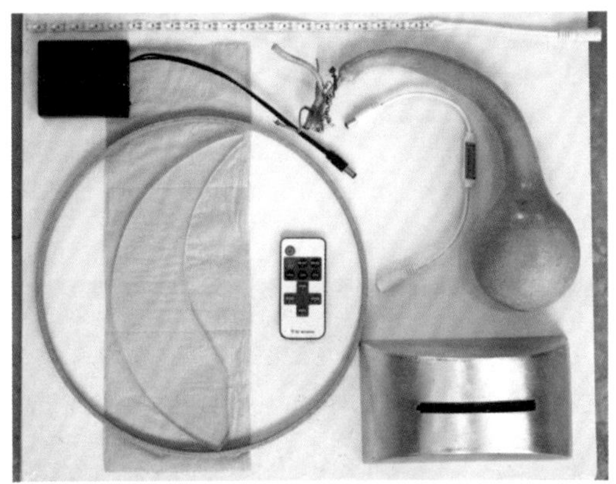

图 5.154

图 5.155

图 5.154 制作完成的灯饰部件

图 5.155 灯饰成品组装完成

5.3.6 “柿柿如意”灯

1）设计构思

柿子在国人心中是美好的象征，它的读音通“事”。提到柿子，就让我们联想到万事大吉、事事如意。同时，熟透的柿子或是黄澄澄的，或是红通通的，仿佛一个个小灯笼挂在枝头，给人一种祥和幸福之感。

“柿柿如意”灯，以柿子为原型进行设计，灯名取自“事事如意”。通电以后，光晕柔和，亲近自然，寓意美好，令人温暖（图5.156）。

2）选用材料

宣纸、白乳胶、小刷子、柿子树枝、LED灯珠。

图5.156

图5.156 “柿柿如意”灯

3）制作过程

①糊纸：首先选择一个形状较为规整的小柿子，再把较薄的黄色宣纸剪成小一些的方块。在白乳胶中加入适量的水调匀，用小刷子蘸取调好的白乳胶将小块宣纸均匀地糊在柿子上，糊上三到四层即可。之后放到通风处晾干，晾干之后用小刀从中间划一圈，将外壳轻轻脱下，此时的外壳在白乳胶的作用下具有了一定的硬度（图 5.157、图 5.158）。

图 5.157

图 5.158

图 5.157　糊纸

图 5.158　脱壳

②安装 LED 小灯：在纸模底部剪一个小洞（图 5.159），把 LED 小灯装在柿子模具的里面（图 5.160），再把中间割开的地方用宣纸粘上，再次拼接起来成为一个完整的柿子形态（图 5.161），放在通风的地方进行第二次晾干。

图 5.159

图 5.160

图 5.161

图 5.159　在纸模底部剪一个小洞
图 5.160　安装 LED 小灯
图 5.161　拼接

③组装完成：将麻绳缠绕在LED小灯裸露在外面的电线上（图5.162、图5.163），把灯粘在树枝合适的位置，再将两条较粗的长度相同的小树枝交叉粘在一起，作为整个树枝的支撑，使得整个灯体更加稳固，同时可以增加枝条形态的美感（图5.164）。组装完成，开灯效果呈现（图5.165）。

图5.162

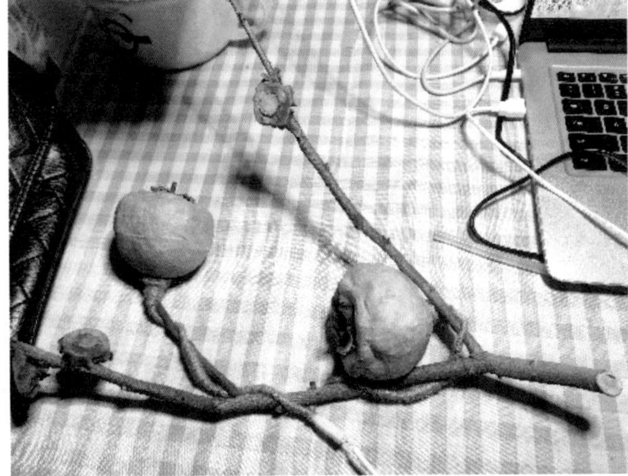

图5.163

图5.164

图5.165

图5.162　电线缠绕
图5.163　缠绕效果

图5.164　交叉支撑
图5.165　开灯效果呈现

5.3.7 “翠竹”小夜灯（A款、B款）

1）设计构思

翠竹，笔直、挺拔、青葱翠绿，象征着高雅、坚韧、虚心、有节等品格。竹子从古至今，一直被国人喜爱，提起竹子皆是夸奖赞叹，体现了竹子对中国人的非凡意义。古往今来，竹子是庭园中不可或缺的一道风景，居而有竹，则幽篁拂窗，清香满院。北宋诗人苏轼先生有言：“宁可食无肉，不可居无竹。无肉令人瘦，无竹令人俗。”本设计将竹筒与竹条结合，造型流畅，简洁优美，自然显现素雅之风韵（图5.166、图5.167）。

2）选用材料

粗、细竹筒，细竹条，502胶，感应灯。

图5.166

图5.167

图5.166 “翠竹”小夜灯A款

图5.167 “翠竹”小夜灯B款

3）A 款制作过程

①竹筒切割：将粗竹筒确定上下预留长度，需切割之处用勾线笔画线，注意比例，保持左右对称。用手工锯将竹筒斜锯，注意控制好角度，一定要切割成直线。由于竹子易劈裂，故锯割时要小心用力，保持用力均衡，切割出所需造型。细竹筒确定长度，用同样的方法斜切，然后将切割边缘整体用锉刀磨圆润（图 5.168、图 5.169）。

②打孔、固定：在距粗竹筒下端 2cm 处打孔（为充电口预留），粗竹筒与细竹筒高度一致之处打孔，用竹签连接固定，也可用钉子或胶水黏合（图 5.170、图 5.171）。

图 5.168

图 5.169

图 5.170

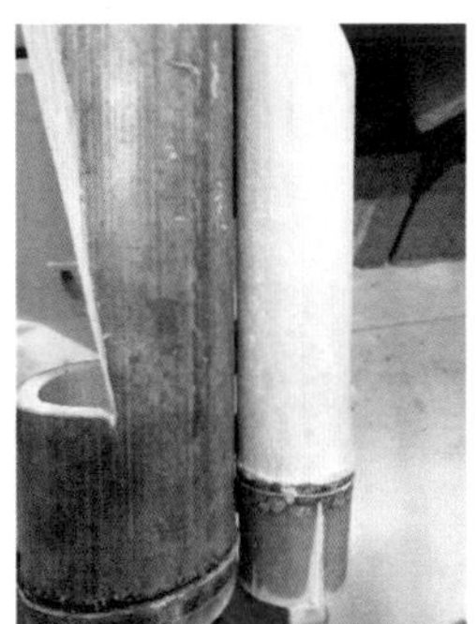

图 5.171

图 5.168　竹筒切割
图 5.169　切割成型
图 5.170　打孔
图 5.171　连接固定

③细竹条的处理：将细竹条用剪刀裁剪成统一长度，长度参考切割后竹筒切口的高度（图 5.172、图 5.173）。

④组装整合完善：将灯放入竹筒内，连接线路，也可使用感应灯，粘贴至竹筒内底部。要注意充电位置，对准洞口，打孔之处用来连接充电。将细竹条插入竹筒内，用胶水上下黏合，要注意竹条与竹筒横切线是垂直关系，中间间隙距离控制得当。黏合完成，放一束花在细竹筒中，翠竹小夜灯 A 款就完成了（图 5.174、图 5.175）。

图 5.172

图 5.173

图 5.174

图 5.175

图 5.172　将竹条裁剪成统一长度
图 5.173　切口的高度
图 5.174　A 款完成
图 5.175　A 款开灯效果

4）B 款制作过程

①竹筒的处理：将一节竹筒用勾线笔画出两条切割线，注意左右对称。然后用台钳固定竹筒（图 5.176），沿着切割线用手工锯进行斜切，慢慢割锯。最后将锯好的两个竹块用锉刀将切割边缘打磨光滑（图 5.177）。

②竹条与底座的处理：将细竹条用剪刀进行裁剪，要保持长度一致。找一个有厚度的圆形底座（亚克力板、木板皆可），将竹条竖直粘贴在底座周围，粘贴一半即可（图 5.178），然后用海绵胶带围绕底盘黏合一圈包边（图 5.179）。握住竹条上端，用绳子缠绕固定。

图 5.176

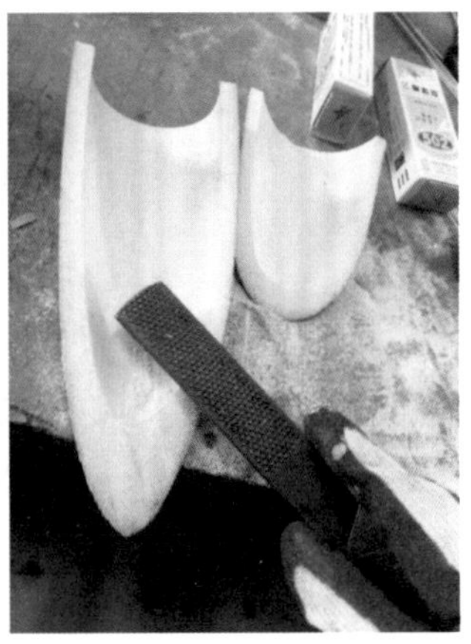
图 5.177

图 5.178

图 5.179

图 5.176　台钳固定
图 5.177　锉刀打磨
图 5.178　粘贴竹条
图 5.179　海绵胶带包边

③组装与完善：在较小竹块上不规律打 5 ~ 7 个漏光孔，将感应灯放在两个竹块围城的竹筒中间，充电处对着预留孔孔口，方便以后充电。整体用 502 胶水、热熔胶等确定位置后黏合。在底座上撒一些白石子并放置干花进行装饰，用胶水黏合，整个灯饰制作完成（图 5.180、图 5.181）。

图 5.180

图 5.181

图 5.180　白石子装饰
图 5.181　B 款开灯效果

参考文献

[1] 王强 . 中国设计全集（卷 16）：用具类编 · 灯具篇 [M]. 北京：商务印书馆，2012.

[2] 中岛龙兴，近田玲子，面出薰 . 照明设计入门 [M]. 马俊，译 . 北京：中国建筑工业出版社，2005.

[3] 何蕊 . 现代灯饰创意设计 [M]. 北京：化学工业出版社，2017.

[4] 徐清涛 . 灯饰设计 [M]. 北京：高等教育出版社，2010.

[5] 株式会社 X-Knowledge. 照明设计终极指南 [M]. 马卫星，译 . 武汉：华中科技大学出版社，2015.

[6] 章曲，谷林 . 人体工程学 [M].2 版 . 北京：北京理工大学出版社，2019.

[7] 王强 . 流光溢彩：中国古代灯具设计研究 [M]. 镇江：江苏大学出版社，2019.

[8] 程瑞香 . 室内与家具设计人体工程学 [M].2 版 . 北京：化学工业出版社，2015.

[9] 朝仓直巳 . 艺术 · 设计的立体构成（修订版）[M]. 林征，林华，译 . 南京：江苏凤凰科学技术出版社，2018.

[10] 金雪英 . 灯之艺 [M]. 西安：陕西师范大学出版社，2007.

[11] 日本 X-Knowledge 出版社 . 照明设计解剖书 [M]. 马卫星，译 . 武汉：华中科技大学出版社，2018.

[12] 王受之 . 世界现代设计史 [M]. 北京：中国青年出版社，2002.

[13] 原研哉 . 设计中的设计（全本）[M]. 纪江红，译 . 桂林：广西师范大学出版社，2010.

[14] 裴俊超 . 灯具与环境照明设计 [M]. 西安：西安交通大学出版社，2007.

[15] 夏进军 . 产品形态设计：设计 · 形态 · 心理 [M]. 北京：北京理工大学出版社，2012.

[16] 孙德明，刘亮，等 . 产品形态设计 [M]. 沈阳：辽宁美术出版社，2014.

[17] 王毅 . 产品色彩设计 [M]. 北京：化学工业出版社，2015.

[18] 刘琛 . 室内陈设设计 [M]. 武汉：武汉大学出版社，2017.

[19] 何崴 . 国际照明设计年鉴，2010[M]. 北京：中国林业出版社，2010.

[20] 理想 · 宅 . 软装设计师手册 [M]. 修订版 . 北京：化学工业出版社，2017.

[21] 王芝湘，之凡设计工作室 . 软装设计 [M]. 北京：人民邮电出版社，2016.

[22] 白虹 . 思维导图 [M]. 北京：中国华侨出版社，2018.

[23] 伊兰姆（Elam,K.）. 分寸，设计：发现黄金比例恒久之美 [M]. 2 版 . 谭浩，译 . 北京：电子工业出版社，2012.

[24] 艾伦 · 鲍尔斯 . 自然设计 [M]. 王立非，刘民，王艳，译 . 南京：江苏美术出版社，2001.

[25] 郭亚男，崔齐，高华云 . 现代金属装饰艺术 [M]. 沈阳：辽宁美术出版社，2014.

[26] 李江军，张之城，等 . 软装设计的 500 个灵感：灯饰搭配与照明设计 [M]. 北京：机械工业出版社，2018.

[27] 中国建筑工业出版社 . 建筑照明设计标准 GB 50034—2013 [M]. 北京: 中国建筑工业出版社，2014.